Thermodynamik

Energie · Umwelt · Technik

Band 39

T0135458

λογος

Thermodynamik
Energie • Umwelt • Technik

Herausgegeben von Professor Dr.-Ing. Dieter Brüggemann
Ordinarius am Lehrstuhl für Technische Thermodynamik und
Transportprozesse (LTTT) der Universität Bayreuth

Ermittlung und Verringerung von Unsicherheiten bei der numerischen Simulation von Fest-flüssig Phasenübergängen in Speichermaterialien

Von der Fakultät für Ingenieurwissenschaften

der Universität Bayreuth

zur Erlangung der Würde eines

Doktor-Ingenieurs (Dr.-Ing.)

genehmigte Dissertation

von

Dipl.-Ing. **Moritz Sebastian Faden**

aus

Schwäbisch Hall

Erstgutachter: Prof. Dr.-Ing. D. Brüggemann

Zweitgutachterin: Prof. Dr. rer. nat. habil. C. Breitkopf

Tag der mündlichen Prüfung: 02. Dezember 2021

Lehrstuhl für Technische Thermodynamik und Transportprozesse (LTTT)

Zentrum für Energietechnik (ZET)

Universität Bayreuth

2022

Thermodynamik: Energie, Umwelt, Technik
Herausgegeben von Prof. Dr.-Ing. D. Brüggemann

Moritz Faden:

Ermittlung und Verringerung von Unsicherheiten bei der numerischen Simulation von Fest-flüssig-Phasenübergängen in Speichermaterialien; Bd. 39 der Reihe: D. Brüggemann (Hrsg.), „Thermodynamik: Energie, Umwelt, Technik";
Logos-Verlag, Berlin (2022)
zugleich: Diss. Univ. Bayreuth, 2022

Bibliografische Information der Deutschen Nationalbibliothek

Die Deutsche Nationalbibliothek verzeichnet diese Publikation in der Deutschen Nationalbibliografie; detaillierte bibliografische Daten sind im Internet über http://dnb.d-nb.de abrufbar.

ISSN 1611-8421
ISBN 978-3-8325-5460-6

Logos Verlag Berlin GmbH
Georg-Knorr-Str. 4, Gebäude 10
D-12681 Berlin
Tel.: +49 (0)30 42 85 10 90
Fax: +49 (0)30 42 85 10 92
https://www.logos-verlag.de

Vorwort des Herausgebers

Im Zuge der Umstellung auf erneuerbare Energieformen sind die zeitlichen Fluktuationen natürlicher Energiequellen wie Sonne und Wind eine wachsende Herausforderung. Man versucht diese Schwankungen auszugleichen, in dem man die Energie speichert, beispielsweise mechanisch in Pumpspeicherwerken, elektrisch in Batterien, chemisch in Wasserstoff oder thermisch in „Wärmespeichern". Bei letztgenannten sind besonders solche interessant, bei denen ein großer Teil der thermischen Energie nicht „sensibel" mit einer fühlbaren Temperaturerhöhung verbunden, sondern „latent" in einem Phasenwechsel verborgen ist. Zur Ein- und Ausspeicherung von Energie wählt man hierbei aus praktischen Gründen vor allem das Schmelzen eines festen Materials bzw. umgekehrt das Erstarren der Schmelze.

Zur technischen Auslegung solcher Speicher ist es wichtig, den zeitlich-räumlichen Ablauf dieser Vorgänge genügend gut zu kennen. Insbesondere will man wissen, wie sich im zeitlichen Verlauf die Grenze zwischen flüssiger und fester Phase verschiebt und damit deren Anteile verändern. Hierzu bedient man sich gern der numerischen Simulation. Die Lösung dieser Aufgabe für konkrete, technisch relevante Fälle ist jedoch nicht nur aufwändig, sondern auch mit zahlreichen Unsicherheiten verknüpft. In der Fachliteratur findet man einige solcher Simulationsrechnungen, jedoch werden Abweichungen zur experimentellen Beobachtung zwar festgestellt, aber über deren Ursachen meist nur gemutmaßt. Insbesondere bleibt unklar, welche Stoffdaten oder anderen Parameter auf welche Weise und mit welchem Gewicht die Vorhersage beeinflussen. Entsprechend gewagt ist es auch, für bestimmte Bedingungen zufriedenstellende Ergebnisse auf deutlich davon abweichende Fälle zu übertragen.

Im Rahmen eines von der Deutschen Forschungsgemeinschaft geförderten Projekts hat sich der Autor dieser Abhandlung mit der Aufgabe beschäftigt, Abhilfe zu schaffen, indem er die Einflussgrößen gemeinsam mit ihren Unsicherheiten hinsichtlich ihrer quantitativen Wirkung auf die Vorhersagen systematisch analysiert. Hierfür hat er entsprechende Modelle entwickelt, Simulationsrechnungen durchgeführt und mit Messdaten aus Experimenten verglichen. Seine Vorgehensweise und Ergebnisse stellt er im vorliegenden Band vor.

Bayreuth, im Februar 2022   Professor Dr.-Ing. Dieter Brüggemann

Vorwort des Autors

Die vorliegende Arbeit entstand während meiner Zeit als wissenschaftlicher Mitarbeiter am Lehrstuhl für Technische Thermodynamik und Transportprozesse der Universität Bayreuth. An dieser Stelle möchte ich mich daher besonders beim Inhaber dieses Lehrstuhls und meinem Doktorvater Prof. Dr.-Ing. Dieter Brüggemann bedanken. Er gab mir die Möglichkeit intensiv auf dem Gebiet der numerischen Simulation von Phasenwechselvorgängen zu forschen. Der gesamten Prüfungskommission gilt mein Dank für die wissenschaftliche Begutachtung und das Interesse an der Arbeit.

Allen Kolleginnen und Kollegen am Lehrstuhl für Technische Thermodynamik und Transportprozesse danke ich für die stets angenehme Zusammenarbeit. Besonderer Dank gilt hierbei meinen Kollegen aus der Fachgruppe thermische Energiespeicher, mit denen die Zusammenarbeit nicht nur fachlich, sondern auch menschlich hervorragend war. Andreas König-Haagen gilt mein spezieller Dank für die vielen Jahren der gemeinsamen Forschung an numerischen Methoden für Fest-flüssig-Phasenwechsel. Stephan Höhlein möchte ich für die mir entgegengebrachte Geduld bei dem Aufbau und der Durchführung von experimentellen Studien danken. Darüber hinaus danke ich den Studierenden, die zum Gelingen dieser Arbeit beigetragen haben. Hierbei möchte ich Christoph Linhardt herausheben, der im Rahmen mehrerer studentischer Arbeiten einen großen Anteil am Aufbau des experimentellen Teststands hatte und auch danach ein wichtiger Ansprechpartner für experimentelle Fragestellungen war.

Aus tiefstem Herzen möchte ich mich bei meiner Familie und meinen Freunden bedanken, die mich über die Jahre hinweg unterstützt haben. Ohne ihre Geduld, ihr Verständnis und die dringend benötigte Ablenkung wäre diese Arbeit nicht möglich gewesen.

Bayreuth, im Februar 2022   Moritz Faden

Kurzfassung

Latente thermische Energiespeicher nutzen den Fest-flüssig-Phasenübergang eines Materials aus, um thermische Energie nahezu isotherm mit hoher Energiedichte zu speichern. Zur zielgerichteten Auslegung dieser Speicher kommen Experimente und Simulationen in Betracht. Analytische Methoden eignen sich nur zur Vorauslegung oder für überschlägige Berechnungen. Experimente sind aufwendig und damit teuer. Daher wird versucht, diese mehr und mehr durch numerische Methoden zu ersetzen. Hier tritt jedoch das Problem auf, dass diese Methoden unzureichend validiert sind. Aus diesem Grund unterliegen die damit erzielten Ergebnisse großer Unsicherheit.

Zur Lösung dieser Problemstellung wird in dieser Arbeit eine kombinierte Unsicherheits- und Sensitivitätsanalyse des Aufschmelzprozesses eines Paraffins in einem Quader durchgeführt. Die Validierung des zur Simulation des Phasenwechsels verwendeten Modells erfolgt mithilfe experimenteller Ergebnisse. Diese werden mit einem im Rahmen dieser Arbeit aufgebauten Teststands gewonnen. Eingangsparameter der kombinierten Unsicherheits- und Sensitivitätsanalyse sind die Stoffdaten des PCM und die Rand- und Anfangsbedingungen des Experiments. Es zeigt sich, dass die Unsicherheit im Flüssigphasenanteil bei korrekter Implementierung der Stoffdaten zwischen $\pm 5\,\%$ und $\pm 6\,\%$ beträgt. Dies ist deutlich geringer, als es die teils stark schwankenden Ergebnisse aus der Literatur erwarten lassen. Weiterhin wird deutlich, dass insbesondere die Viskosität temperaturabhängig implementiert sein sollte, um eine geringe Unsicherheit zu erhalten. Unter der Annahme, dass die Stoffwerte im Modell als temperaturabhängig implementiert sind, haben die Wärmeleitfähigkeit im Festen, der Schmelzpunkt sowie die Feststoffdichte den größten Einfluss auf den Flüssigphasenanteil. Diese Größen sollten daher in erster Linie genauer bestimmt werden, um die Genauigkeit der Simulation zu erhöhen.

Neben dem Flüssigphasenanteil werden auch die über die Ränder des Simulationsgebiets fließenden Wärmeströme und die maximale Geschwindigkeit in der flüssigen Phase als Zielgröße der kombinierten Unsicherheits- und Sensitivitätsanalyse betrachtet. Für diese Größen wird daher ebenfalls die Unsicherheit bestimmt. Je nach Zielgröße beträgt sie zwischen $\pm 4\,\%$ und $\pm 20\,\%$.

Abstract

Latent heat thermal energy storages utilize the solid-liquid phase transition of a material to store thermal energy almost isothermally with high energy density. Experiments or simulations can be used to design these storages. Analytical methods are only useful for preliminary design or rough calculations. Experiments are complex and expensive. Therefore, attempts are being made to replace them to an increasing extent by numerical methods. However, these methods are insufficiently validated. For this reason, the results obtained with these methods are subject to a high degree of uncertainty.

To solve this problem, a combined uncertainty and sensitivity analysis of a paraffin melting in a cuboid is performed in this thesis. The validation of the model used to simulate the phase change is done by means of experimental results. These are obtained through a test rig built for this thesis. Input parameters of the combined uncertainty and sensitivity analysis are the thermophysical properties of the PCM and the boundary and initial conditions of the experiment. It is shown that the uncertainty of the liquid fraction is between $\pm 5\,\%$ and $\pm 6\,\%$, if the thermophysical properties are implemented correctly. This is considerably lower than what could be expected taking into account the varying literature results. Moreover, it is evident that the viscosity must be implemented to be temperature-dependent to obtain a low uncertainty. Assuming that the thermophysical properties are implemented as temperature-dependent, the thermal conductivity of the solid, the melting point and the solid density are the input parameters with the highest influence on the liquid fraction. Hence, these parameters should be measured with higher accuracy to improve the accuracy of the simulation.

In addition to the liquid fraction, also the heat flux flowing through the boundary of the simulation domain and the maximum velocity in the liquid phase are considered as objectives of the combined uncertainty and sensitivity analysis. Therefore, the uncertainty is also determined for these quantities. Depending on the quantity, the uncertainty lies between $\pm 4\,\%$ and $\pm 20\,\%$.

Inhaltsverzeichnis

Nomenklatur

Lateinische Symbole

$\vec{A}$	Darcy-Quellterm	$\mathrm{kg/m^2s^2}$
$\underline{\underline{A}}$	Diagonalmatrix	-
a	Beschleunigung	$\mathrm{m/s^2}$
b	Zellfläche am Rand	-
$\underline{\underline{C}}$	Koeffizientenmatrix	-
Co	Courant-Zahl	-
c	Wärmekapazität	$\mathrm{J/kgK}$
D	Darcy-Konstante	$\mathrm{kg/m^3s}$
d	Durchmesser	m
$\vec{d}$	Abstandsvektor	m
EE	Elementary Effect	-
$\underline{\underline{E}}$	Einheitsmatrix	-
e	kleine numerische Konstante	-
$\mathcal{F}$	Funktion	-
f	Zählvariable für Zellflächen	-
g	Gewichtungsfaktor	-
$\vec{g}$	Erdbeschleunigung	$\mathrm{m/s^2}$
H	Enthalpie	J
$\vec{H}$	Hilfsvektor	-
$\underline{\underline{H}}$	Matrix ohne Diagonalelemente	-
h	spezifische Enthalpie	$\mathrm{J/kg}$
I	Intensitätsverteilung	-
i	Zählvariable	-
j	Zählvariable	-
k	Zählvariable	-
L	Schmelzenthalpie	$\mathrm{J/kg}$
$\mathcal{L}$	Operator	-
l	Länge	m
m	Masse	kg
$\dot{m}$	Massenstrom	$\mathrm{kg/s}$
N	Nachbar	-
$\mathcal{N}$	Brechungsindex	-
n	Zählvariable	-

$\vec{n}$	Normalenvektor	-
O	erste Zelle im Osten	-
OO	zweite Zelle im Osten	-
P	Punkt	-
Pr	Prandtl-Zahl	-
p	Druck	Pa
$\tilde{p}$	Druck ohne hydrostatischen Anteil	Pa
Q	Wärmemenge	J
$\dot{Q}$	Wärmestrom	W
q_θ	generischer Quellterm	-
R	thermischer Widerstand	K/W
Re	Reynolds-Zahl	-
$\mathcal{R}$	Kreuzkorrelationsfunktion	-
r	Anzahl der Trajektorien	-
$\vec{r}$	Rechte-Seite-Vektor	-
S	Fläche	m^2
$\mathcal{S}$	Sensitivität	-
$\vec{S}$	Flächenvektor	m^2
s	Standardabweichung	-
T	Temperatur	K/$^\circ$C
$\mathcal{T}$	studentscher Faktor	-
t	Zeit	s
U	Geschwindigkeit	m/s
U_a	Geschwindigkeitsverzögerung	m/s
$\vec{u}$	Geschwindigkeitsvektor	m/s
V	Volumen	m^3
W	erste Zelle im Westen	-
WW	zweite Zelle im Westen	-
X	Eingangsparameter	-
$\vec{X}$	Zustandsvektor der Eingangsparameter	-
x	kartesische Koordinate	m
$\vec{x}$	Ortsvektor	m
Y	Zielgröße	-
y	kartesische Koordinate	m
Z	Abstand zwischen Laserebene und Versuchsraum	m
z	kartesische Koordinate	m

Griechische Symbole

α	volumetrischer Flüssigkeitsgehalt	-
α_W	Wärmeübergangskoeffizient	W/m^2K
Γ	Hilfsvariable	-
γ	Winkel	°
Δ	Differenz	-
δ	Schrittweite	-
δ_T	Dicke der Temperaturgrenzschicht	m
δ_U	Dicke der Geschwindigkeitsgrenzschicht	m
ϵ	relative Abweichung	-
$\vec{\zeta}$	Positionsabweichung	m
η	dynamische Viskosität	Pas
θ	generische Variable	-
κ	Wärmedurchgangskoeffizient	W/m^2K
λ	Wärmeleitfähigkeit	W/mK
μ^*	Betragsmittelwert	-
ν	kinematische Viskosität	m^2/s
ρ	Dichte	kg/m^3
σ	Varianz	-
$\underline{\underline{\tau}}$	Spannungstensor	Pa
ϕ	jeweiliger nichtlinearer Term	-
φ	Massenfluss durch Zellwand	kg/s
Ω	Messgröße	-
ω	Messwert	-

Tiefgestellte Indizes

ab	Absinken
aus	Auslass
b	Zellfläche am Rand
D	Dämmung
Da_{12}	Simulation mit Darcy-Konstanten 10^{12} kg/m^{3}s
$diff$	diffusiv
exp	experimentell
f	Zellfläche
g	global

ges	Gesamt
h	heiß
i	Zählvariable
in	Einlass
ini	anfänglich
k	kalt
konv	konvektiv
l	flüssig
M	Mitte
Mitte	mittleres Thermoelement
Mittel	Mittelwert
m	Schmelzpunkt
max	maximal
N	Nachbar
n	Zählvariable
num	numerisch
o	oben
oben	oberes Thermoelement
P	Punkt
Plexi	Plexiglas
PG	Phasengrenze
p	Partikel
R	Rand
Res	Residuum
s	fest
sen	sensibel
u	unten
unten	unteres Thermoelement
X	Eingangsparameter
x	Richtung
Y	Zielgröße
y	Richtung
0	Anfang/nullter
1	erster
2	zweiter
3	dritter
300	Netz mit 300×300 Zellen

90 %   90 %-Intervall

Hochgestellte Indizes

alt	alt
j	Zählvariable
k	Zählvariable
l	Zählvariable
m	Zählvariable
n	Zählvariable
max	maximal
neu	neu
T	transponiert
$*$	Zwischenschwert
σ	Varianz
1	erster

Abkürzungen

CFD	Computational Fluid Dynamics
FFT	Fast Fourier Transform
FVM	Finite-Volumen-Methode
PCM	Phase Change Material
pdf	probability density function
PISO	Pressure-Implicit with Splitting of Operators
PIV	Particle Image Velocimetry
SIMPLE	Semi-Implicit Method for Pressure Linked Equations

1 Einleitung

Energiespeicher spielen eine entscheidende Rolle für das Gelingen der Energiewende. Durch den vermehrten Einsatz von regenerativen Energiequellen entsteht eine zeitliche Diskrepanz zwischen Energiebereitstellung und Verbrauch. Die Aufgabe von Energiespeichern ist es, diese Lücke zu schließen und eine stetige Energieversorgung sicherzustellen. Darüber hinaus kann durch das Einbinden eines Speichers in ein bestehendes Energiesystem dessen Effizienz erhöht und dessen Primärenergieverbrauch gesenkt werden. Energiespeicher werden anhand ihres Speicherprinzips in elektrische, elektrochemische, mechanische, chemische und thermische Speicher eingeteilt [1]. Einsatzgebiete für thermische Energiespeicher sind z. B. die Abwärmenutzung in wärmeintensiven Industrieanlagen [2], Pufferspeicher in Häusern [3], Hochtemperaturspeicher bei der solarthermischen Energieerzeugung [4] und in Zukunft Carnot-Batterien, auch Strom-Wärme-Strom-Speicher genannt [5, 6].

Eine wichtige Unterklasse der thermischen Energiespeicher bilden die latenten thermischen Energiespeicher. Diese beruhen auf dem Prinzip der Energiespeicherung durch einen Phasenwechsel und nutzen, aufgrund der hohen Phasenwechselenthalpie bei geringer Volumenänderung, meist den Fest-flüssig-Phasenübergang eines Speichermaterials aus. Die als Speichermaterialien in Frage kommenden Stoffe haben jedoch oftmals eine sehr geringe Wärmeleitfähigkeit [7]. Es liegt nahe, diese durch eine vergrößerte Übertragungsfläche zwischen Speichermaterial und Wärmeträgerfluid zu kompensieren, um akzeptable Be- und Entladeleistungen der Energiespeicher zu erhalten. Allerdings ist die Auslegung solcher Speicher mit erhöhter Übertragungsfläche sehr komplex und führt zu einem erhöhten Auslegungsaufwand. Daher gewinnen numerische Methoden zur Auslegung von latenten thermischen Energiespeichern zunehmend an Bedeutung. Sie können den Phasenwechselvorgang zeitlich und räumlich besser auflösen als semi-analytische Methoden und sind deutlich günstiger als aufwändige Experimente.

Die Grundlage der simulationsgestützten Auslegung von latenten thermischen Energiespeichern bilden die Modelle und Algorithmen zur numerischen Lösung von Fest-flüssig-Phasenwechseln. Zwar gibt es in der wissenschaftlichen Literatur eine Vielzahl von Modellen und Lösungsstrategien [8, 9], jedoch sind die Modelle bisher unzureichend validiert und die damit erzielten Ergebnisse variieren stark. Dies gilt insbesondere für Modelle, die einen Phasenübergang unter dem Einfluss der natürlichen Konvektion in der flüssigen Phase und mit temperaturabhängigen Stoffdaten beschreiben. Die Gründe für die große Unsicherheit in den erzielten Ergebnissen sind vielfältig. Ein gewichtiger Grund ist mit Sicherheit, dass es für diese Fälle keine analytischen Vergleichslösungen gibt. Daher werden die numerischen Modelle mit den Ergebnissen von Experimenten in einfachen Geometrien verglichen. Diese besitzen natürlich selbst eine gewisse Unsicherheit. Aus historischen Gründen werden zur Validierung der Modelle am häufigsten die Aufschmelzversuche von Gau und Viskanta [10] verwendet. Bei diesem Experiment schmilzt das Metall Gallium an einer vertikalen, isothermen Wand auf. Trotz der großen zur erwartenden Unsicherheit wurde die Position der Phasengrenze durch Ausschütten des Behälters bestimmt, da Gallium nicht transparent ist.

Weiterhin sind bei vielen Materialien, die eventuell zur Speicherung thermischen Energie verwendet werden können, die Stoffdaten nur unzureichend bekannt. Dies liegt zum einen an der großen Anzahl der in Frage kommenden Materialien. Zum anderen ist die Bestimmung der Stoffdaten nahe der Phasenwechseltemperatur schwierig. Trotzdem wurde der Einfluss der Stoffdaten auf das Simulationsergebnis bisher nur unsystematisch und/oder sehr vereinfacht untersucht. Auch sind die Stoffwerte in den meisten Modellen als temperaturunabhängig implementiert.

Die Einbindung temperaturunabhängiger Stoffdaten, die Unsicherheit der Stoffdaten und die Variation in den experimentellen Ergebnissen sorgen für eine große Unsicherheit bei der numerischen Simulation von Fest-flüssig-Phasenübergängen und verringern die Vorhersagegenauigkeit der Modelle. In dieser Arbeit wird daher das Aufschmelzen des Paraffins Octadecan in einem einseitig beheizten Hohlraum detailliert experimentell und numerisch untersucht. Besonderes Augenmerk wird auf die Unsicherheit der verfügbaren Stoffdaten und deren Temperaturabhängigkeit gelegt. Eine umfassende Analyse des Modells wird über eine kombinierte globale Unsicherheits- und Sensitivitätsanalyse erreicht, die zusätzlich zu den Stoffdaten auch die Unsicherheit der Randbedingungen des Experiments berücksichtigt.

2 Stand der Forschung und Entwicklung

In diesem Kapitel wird zunächst kurz auf die verschiedenen Möglichkeiten zur Speicherung thermischer Energie und insbesondere auf latente thermische Energiespeicher eingegangen. Danach werden die existierenden Modelle und Algorithmen zur numerischen Lösung von Fest-flüssig-Phasenwechseln vorgestellt. Dabei werden nur Lösungsmethoden für die makroskopische Beschreibungsweise von Phasenwechseln betrachtet, da nur solche zur Auslegung von latenten thermischen Energiespeichern verwendet werden. Die numerischen Modelle werden meist mithilfe von Aufschmelzexperimenten in einfachen Geometrien, wie z. B. Quadern, Zylindern oder Kugeln, validiert. Daher wird im dritten Abschnitt der aktuelle Stand der Forschung von Aufschmelzexperimenten beschrieben. Im letzten Abschnitt wird dann der Kenntnisstand zur Unsicherheit und zu den Ursachen dieser Unsicherheit bei der Simulation von Fest-flüssig-Phasenübergängen genau erläutert.

2.1 Latente thermische Energiespeicher

Thermische Energie kann entweder über chemische oder physikalische Prozesse gespeichert werden [11]. Die physikalischen Prozessen lassen sich wiederum in die sensible und latente Speicherung thermischer Energie klassifizieren. Bei der sensiblen Speicherung wächst die gespeicherte thermische Energie proportional zum Temperaturanstieg des Materials ΔT. Die Proportionalitätskonstanten sind die Wärmekapazität des Materials c und dessen Masse m. Damit ergibt sich für die gespeicherte Enthalpie:

$$\Delta H = m \cdot c \cdot \Delta T. \tag{2.1}$$

Im Gegensatz zu sensiblen Speichern erfolgt bei latenten thermischen Energiespeichern die Speicherung der Energie nahezu isotherm über den Phasenwechsel eines Materials (engl. Phase Change Material oder kurz PCM). Dadurch wird die Speicherung von thermischer Energie mit geringer Temperaturspreizung bei gleichzeitig hohen Energiedichten ermöglicht (Abb. 2.1). Da der Anteil der sensibel gespeicherten Energie bei latenten thermischen Energiespeichern oft vernachlässigbar ist, lautet hier die vereinfachte Berechnungsgleichung der gespeicherten Enthalpie:

$$\Delta H = m \cdot L, \tag{2.2}$$

wobei L die Phasenwechselenthalpie bezeichnet. Ob ein sensibler oder ein latenter Speicher mehr Energie aufnehmen kann, hängt offensichtlich nicht nur von den Stoffdaten, sondern auch vom Temperaturbereich ab, in dem der Speicher betrieben wird.

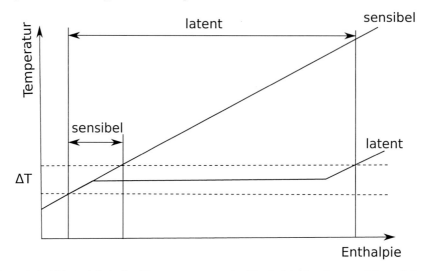

Abbildung 2.1: Abhängigkeit der Temperatur von der Enthalpie für die sensible und die latente Speicherung von thermischer Energie. Bei der latenten Speicherung thermischer Energie kann in einem engen Temperaturbereich ΔT deutlich mehr Enthalpie gespeichert werden als im sensiblen Fall. In Anlehnung an Mehling und Cabeza [11].

Grundsätzlich kann jeder Phasenübergang für die latente Energiespeicherung genutzt werden. Allerdings sind die Umwandlungsenergien bei Fest-fest-Übergängen meist zu gering und die Volumenausdehnung bei Flüssig-gasförmig-Übergängen unter konstantem Druck zu groß. Daher wird in nahezu allen technischen Anwendungen der Fest-flüssig-Phasenwechsel verwendet. Als Speichermaterialien kommen Stoffe mit hohen Schmelzenthalpien wie z. B. Paraffine und Salzhydrate in Frage [12]. Wichtigstes Kriterium ist aber nicht die Schmelzenthalpie, sondern der zur jeweiligen Anwendung passende Schmelzpunkt. Mischungen bieten eine Möglichkeit, diesen an die Anwendung anzupassen [13]. Über den tatsächlichen Einsatz der Stoffe in technischen Anwendungen entscheiden allerdings auch andere Faktoren wie die Zyklenstabilität, die Unterkühlung und der Preis des Materials [14].

Wie bereits in der Einleitung erwähnt, haben die als PCM in Frage kommenden Materialien oft eine sehr geringe Wärmeleitfähigkeit. Daher ist man bemüht, den Wärmeübergang zwischen Wärmeträgerfluid und PCM durch eine hohe Übertragungsfläche oder durch Einbauten wie etwa Rippen [15] zu verbessern, ohne die Kapazität des Speichers zu stark zu verringern. Eine Möglichkeit, die Übertragungsfläche zu erhöhen, ist die Makroverkapselung des PCM [16–18]. Bei diesem Ansatz wird das PCM in kleine Behältnisse, wie z. B. Kugeln, Quader oder Zylinder gefüllt, welche dann wiederum in den eigentlichen Speicherbehälter gegeben werden. Dieser Behälter wird vom Wärmeträgerfluid durchströmt. Eine weitere Möglichkeit, die Übertragungsfläche zu erhöhen, bieten Direktkontaktspeicher [19]. Hier besteht allerdings die Schwierigkeit, ein passendes Paar aus PCM und Wärmeträgerfluid zu finden. Eine visuelle Darstellung der verschiedenen Bauarten ist in Abbildung 2.2 gezeigt.

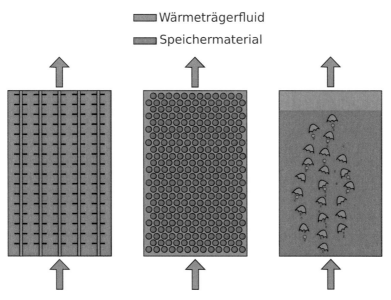

Abbildung 2.2: Schematische Darstellung verschiedener Bauarten von latenten thermischen Energiespeichern: berippter Vollspeicher (links), makroverkapselter Speicher (Mitte), Direktkontaktspeicher (rechts).

2.2 Numerische Lösungsmethoden für Fest-flüssig-Phasenübergänge

Viele Fragestellungen in Natur und Technik lassen sich durch partielle Differentialgleichungen modellieren, so auch der Fest-flüssig-Phasenwechsel eines Materials. Mathematisch fallen Phasenübergänge in die Klasse der Probleme mit bewegten Randbedingungen, da die Position der Phasengrenze nicht a priori bekannt, sondern Teil der Lösung ist. Es ist daher nicht verwunderlich, dass Methoden zur Lösung von Fest-flüssig-Phasenübergängen anhand der Art und Weise, wie die Phasengrenze bestimmt wird, eingeteilt werden [20]. Beim ersten Ansatz wird die Position der Phasengrenze explizit verfolgt. Beim zweiten ergibt sie sich aus der Lösung einer auf dem gesamten Rechengebiet gültigen Energiegleichung.

2.2.1 Front-Tracking- und Front-Fixing-Methoden

Front-Tracking- und Front-Fixing-Methoden beruhen darauf, dass für die flüssige und die feste Phase jeweils ein eigener Satz an Erhaltungsgleichungen gelöst wird, wobei die Energieerhaltungsgleichungen der beiden Phasen an der Phasengrenze durch die Stefan-Bedingung gekoppelt sind:

$$\lambda_s \nabla T_s \cdot \vec{n} - \lambda_l \nabla T_l \cdot \vec{n} = \rho L \vec{u}_{PG} \cdot \vec{n}. \tag{2.3}$$

Dabei ist λ die Wärmeleitfähigkeit, L die Schmelzenthalpie, ρ die Dichte, $\vec{u}_{PG}$ die Geschwindigkeit der Phasengrenze und $\vec{n}$ der in die flüssige Phase gerichtete Normalenvektor [21]. Die Indizes l und s stehen für flüssig (liquid) und fest (solid). Weiterhin wird in Gleichung 2.3 angenommen, dass es keinen Unterschied zwischen den Dichten der festen und flüssigen Phase gibt. Trifft dies nicht zu, sind auch die Massenerhaltungsgleichungen der beiden Phasen an der Phasengrenze miteinander gekoppelt [22].

Zur Auswertung der Stefan-Bedingung muss die Position der Phasengrenze bekannt sein. Dies kann z. B. dadurch erfolgen, dass die Position der Phasengrenze in jedem Zeitschritt neu bestimmt wird. Methoden, die diesem Ansatz folgen, werden daher als Front-Tracking-Methoden bezeichnet. Meist wird die Phasengrenze verfolgt, indem das Rechengitter dahingehend angepasst wird, dass die Phasengrenze durch Gitterpunkte repräsentiert wird. Aufgrund der Gitteranpassung sind Front-Tracking-Methoden sehr rechenaufwändig und nicht für komplexe Geometrien und Phasengrenzverläufe geeignet [23]. Eine weitere Möglichkeit, die Position der Phasengrenze zu bestimmen, besteht darin, das Problem in Koordinaten zu transformieren, in denen die Phasengrenze raumfest ist. Diese sogenannten Front-Fixing-Methoden haben keine weite Verbreitung gefunden, da der Rechenaufwand der Transformation sehr hoch ist. Darüber hinaus bestehen auch hier Schwierigkeiten bei komplexen Geometrien und Phasengrenzverläufen.

2.2.2 Fixed-Domain-Methoden

Im Gegensatz zu Front-Tracking- und Front-Fixing-Methoden wird bei Fixed-Domain-Methoden die Phasengrenze nicht explizit verfolgt. Stattdessen wird eine auf dem gesamten Rechengebiet gültige Energiegleichung in Enthalpieform gelöst [24, 25]. Für als rein diffusiv approximierte Phasenwechsel lautet diese Energiegleichung:

$$\frac{\partial \rho h}{\partial t} = \nabla \cdot (\lambda \nabla T). \tag{2.4}$$

Hier bezeichnet h die spezifische Enthalpie, die genau wie die Wärmeleitfähigkeit λ eine Mischungsgröße aus dem festen und dem flüssigen Wert ist. Aufgrund der stark nichtlinearen Temperatur-Enthalpie-Kurve ist auch Gleichung 2.4 stark nichtlinear. Shamsundar und Sparrow [26] zeigen, dass diese Form der Energiegleichung die Stefan-Bedingung implizit enthält. Darüber hinaus kann aus der Lösung dieser Gleichung auf die Position der Phasengrenze zurückgeschlossen werden.

In den vergangen Jahrzehnten wurden verschiedene Lösungsmethoden für Gleichung 2.4 entwickelt. Grundsätzlich ist es möglich, diese stark nichtlineare Gleichung ohne Iterationen, aber dafür mit einem kleinen Zeitschritt zu lösen [27–29]. Allerdings besteht dabei die Gefahr, dass die Temperatur-Enthalpie-Beziehung und damit die Energieerhaltung verletzt wird. Aus diesem Grund beruhen die meisten Verfahren auf einem iterativen Ansatz. Die beiden bekanntesten iterativen und auch am häufigsten verwendeten Methoden sind die Methode der Scheinwärmekapazität und die Quelltermmethode. Die Methode der Scheinwärmekapazität beruht auf der Idee, den Phasenwechsel durch eine im Schmelzbereich sehr hohe Wärmekapazität zu beschreiben. Dahingegen wird bei der Quelltermmethode die Nichtlinearität des Phasenwechsels in einen Quellterm ausgelagert. Eine Untersuchung von König-Haagen et al. [8] zeigt, dass die Methode der Scheinwärmekapazität bei kleinen Schmelzbereichen instabil wird und somit nicht für isotherme Phasenwechsel geeignet ist. Die Quelltermmethode hingegen ist robust, konvergiert aber sehr langsam. Die einzelnen Iterationsschritte der Methode der Scheinwärmekapazität und der Quelltermmethode sind in Abbildung 2.3 in einem $h - T$-Diagramm dargestellt. Eine Methode, die die nichtlinearen Terme der Energiegleichung per Taylor-Entwicklung linearisiert und so die benötigte Iterationsanzahl minimiert, wurde von Voller und Swaminathan [30, 31] eingeführt. Wie üblich, wurde diese Methode für konstante Stoffdaten entwickelt. Nichtsdestoweniger bietet sie aufgrund ihrer sehr guten Konvergenzeigenschaften einen guten Ausgangspunkt für die Entwicklung eines effizienten Lösungsalgorithmus unter Berücksichtigung

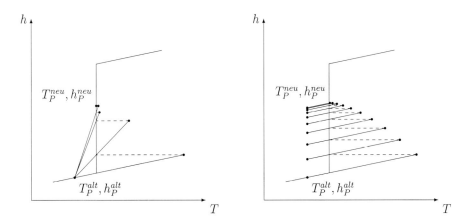

Abbildung 2.3: Visualisierung der Methode der Scheinwärmekapazität (links) und der Quelltermmethode (rechts) zur Lösung der Temperatur-Enthalpie-Kopplung. Nach Swaminathan und Voller [31].

der Temperaturabhängigkeit der Stoffdaten. Eine weitere Möglichkeit, Gleichung 2.4 zu lösen, besteht darin, die Temperatur als Funktion der Enthalpie auszudrücken und in die Gleichung einzusetzen [32]. Folglich wird dieser Ansatz als Enthalpie-Transformationsmodell bezeichnet. Der Ansatz liefert gute Ergebnisse [33], ist allerdings lediglich bedingt für Modelle geeignet, bei denen nur die sensible Enthalpie konvektiv transportiert werden soll.

Wird ein konvektionsdominierter Fest-flüssig-Phasenwechsel mit einer Fixed-Domain-Methode gelöst, muss die Geschwindigkeit in der festen Phase auf Null gesetzt werden. Der einfachste Weg, dies zu erreichen, ist die Geschwindigkeit in Zellen, die als fest angesehen werden, mit Null zu überschreiben. Dies führt jedoch zu Instabilitäten. Im Gegensatz dazu hat sich die sogenannte Enthalpie-Porositäts-Methode [34] als sehr robust erwiesen. Der Übergangsbereich zwischen flüssig und fest wird als poröses Medium angesehen und der Impulsgleichung wird ein Quellterm hinzugefügt, der die Geschwindigkeit abhängig von dem Wert der sogenannten Darcy-Konstanten und vom Feststoffgehalt dämpft. In reinen Feststoffzellen ist diese Dämpfung so stark, dass die Geschwindigkeit auf Null gezwungen wird. Allerdings ist der Wert der Darcy-Konstanten bei nicht-isothermen Phasenwechseln sehr umstritten [35]. Eine andere Möglichkeit, die Geschwindigkeit im Feststoff auf Null zu setzen, besteht darin, die Viskosität im Feststoff als sehr hoch anzunehmen [36]. Ein Nachteil dieser Methode ist, dass eine zu niedrig gewählte Viskosität zu einer unphysikalischen Verformung des Feststoffs führt [37]. Vor einiger Zeit wurde ein weiterer Ansatz von Kozak und Ziskind [38] entwickelt. Bei diesem Ansatz werden der Impulsgleichung spezielle Funktionen aufaddiert, welche die Geschwindigkeit in festen Zellen auf einen vorher festgelegten Wert zwingen. Ein Vergleich zwischen verschiedenen Techniken, konvektionsdominierte Fest-flüssig-Phasenwechsel auf raumfesten Gittern darzustellen, kann in Ma und Zhang [39] gefunden werden.

Eine Schwierigkeit, der die wenigsten Autoren der numerischen Modelle Aufmerksamkeit widmen, ist die temperaturabhängige Einbindung der Stoffdaten. Es ist bei der numerischen Simulation von Fest-flüssig-Phasenübergängen Standard, die Stoffwerte als konstant zu betrachten [40–44], wobei oftmals zwischen Werten für die flüssige und die feste Phase unterschieden wird [18, 45–47]. Einzig die Dichte wird bei diesen Modellen als zumindest teilweise temperaturabhängig eingebunden, um die natürliche Konvektion in der flüssigen Phase darstellen zu können. Dazu wird die Dichte im Auftriebsterm der Impulsgleichung als lineare Funktion der Temperatur implementiert. In den restlichen Termen wird sie als konstant angenommen und für beide Phasen wird ein gemeinsamer Dichtewert verwendet. Dieses Vorgehen ist als Boussinesq-Approximation bekannt. Schlicht vernachlässigt wird bei der Boussinesq-Approximation jedoch die Volumenänderung beim Fest-flüssig-Phasenübergang. Nach Tamme et al. [48] reicht die Volumenänderung gewöhnlicher PCM von $-8{,}3\,\%$ bis $22\,\%$. Teilweise geschieht die temperatur-unabhängige Einbindung der Stoffdaten aus einem Mangel an Stoffdaten, teilweise aber auch modellbedingt. Insbesondere eine vollständig temperaturabhängige Dichte führt zu einer erheblichen Komplexitätserhöhung, da nicht nur das Modell selbst angepasst werden muss, sondern auch das Simulationsgebiet. Hier macht die durch die Dichteänderung herbeigeführte Volumenänderung einen Auslass, eine Gasphase oder eine elastische Wand nötig [49].

Die oben genannten Lösungsmethoden für Fest-flüssig-Phasenübergänge können für eine variable Dichte angepasst werden, konvergieren dann allerdings langsamer. Um dieses Problem zu lösen, entwickelten Faden et al. [50] einen Lösungsalgorithmus, der auch bei einer variablen Dichte die benötigte Iterationsanzahl minimiert.

2.3 Aufschmelzexperimente

Während sich die eingesetzten Messtechniken über die vergangenen Jahrzehnte stetig weiterentwickelt haben und die Phasengrenze auch bei nicht transparenten Medien längst nicht mehr durch Ausschütten der Schmelze bestimmt wird [51, 52], ist doch in den allermeisten Fällen der Versuchsaufbau zur Durchführung von Aufschmelzexperimenten an das Experiment von Gau und Viskanta angelehnt [17, 51–60]. Dies bedeutet, dass bei den meisten Versuchsaufbauten die Testkapsel eine quaderförmige Geometrie hat, wobei eine Seite zu Versuchsbeginn auf eine gleichmäßige Temperatur über dem Schmelzpunkt des Materials beheizt wird, während die gegenüberliegende Seite entweder auf der Schmelztemperatur oder auf einen Werte darunter temperiert wird. Die restlichen Seiten werden gedämmt und häufig als adiabat angesehen. Durch die Erwärmung des flüssigen PCM an der warmen Seite der Kapsel verringert sich dessen Dichte. Folglich steigt es auf, wird zur kalten Seite konvektiert und gibt seine thermische Energie am oberen Bereich der Phasengrenze ab. Somit entsteht die für die natürliche Konvektion typische Neigung der Phasengrenze (Abb. 2.4). Vorteile dieser einfachen Geometrie sind sowohl

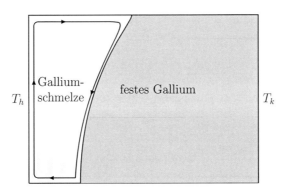

Abbildung 2.4: Schematische Darstellung des Versuchs von Gau und Viskanta [10] zur Verdeutlichung des Einflusses der natürlichen Konvektion bei Fest-flüssig-Phasenübergängen. Die mit T_h bezeichnete Seite der Kapsel wird beheizt, wohingegen die mit T_k bezeichnete Seite gekühlt wird. Die verbliebenen Seiten der Kapsel werden gut gedämmt und meist als adiabat betrachtet.

bei der experimentellen Durchführung als auch bei der Simulation zu finden. So kann bei einer transparenten flüssigen Phase die Position der Phasengrenze ohne Verzerrungseffekte durch Lichtbrechung an gekrümmten Oberflächen aufgenommen werden. Weiterhin ist ein gerichtetes Erstarren des Phasenwechselmaterials möglich. Eine quaderförmige Versuchskapsel ist einfach herzustellen und, sehr wichtig für die Simulation, einfach zu vernetzen. Außerdem ist das Netz orthogonal, wodurch netzinduzierte Fehler der Simulation minimiert werden.

Neben Quadern bieten auch Kugeln oder Zylinder eine hinreichend einfache Geometrie zur Durchführung von Validierungsexperimenten. Allerdings entsteht bei in Kugeln durchgeführten Experimenten das Problem, dass der Feststoff nicht durch die Geometrie selbst fixiert ist und durch zusätzliche Einbauten festgehalten werden muss [61]. Da diese das Versuchsergebnis beeinflussen, werden Aufschmelzexperimente in Kugeln vor allem dazu eingesetzt, das Schmelzen mit frei beweglichem Feststoff zu untersuchen [62]. Typischerweise wird die mit PCM gefüllte Kugel in ein erwärmtes Wasserbad getaucht, mit dem Ziel, eine isotherme Wandtemperatur zu erhalten, welche bei Simulationen einfach vorgegeben werden kann. Die Annahme, dass die so erzeugte Wandtemperatur isotherm ist, wird allerdings durch eine kürzlich erschienene Publikation widerlegt [47]. Versuche in liegenden Zylindern haben ähnliche Probleme mit der Fixierung der Feststoffs wie Versuche in Kugeln. Bei stehenden Zylindern tritt das Problem der Lichtbrechung an gekrümmten Oberflächen auf [63]. Eine detaillierte Übersicht über Aufschmelzexperimente in einfachen Geometrien geben Dhaidan und Khodadadi [64].

Als Materialien für die Experimente werden häufig Paraffine wie Octadecan [53, 54, 58–61, 65], Eicosan [63] oder kommerziell erhältliche Mischungen aus verschieden langkettigen Paraffinen verwendet [17, 18, 66]. Für Paraffine spricht, dass sie besser erforscht sind als andere Materialklassen, die als Phasenwechselmaterialien in Betracht kommen. Sie sind relativ einfach zu handhaben, zyklenstabil und besitzen eine transparente flüssige Phase. Dies ermöglicht optische Untersuchungen während des Schmelzprozesses. Weiterhin kommen Laurinsäure [56, 57], Metalle mit niedrigem Schmelzpunkt wie Gallium [10, 51, 52] und, aufgrund der besonderen Bedeutung in der Natur und in der Kältespeicherung, Wasser zum Einsatz [55].

Ging es in den ersten experimentellen Studien noch hauptsächlich darum, den Einfluss der natürlichen Konvektion auf Fest-flüssig-Phasenübergänge nachzuweisen, rückt heutzutage die Verbesserung des Wärmeübergangs in den oftmals schlecht leitenden PCM sowie die Generierung von zeitlich und räumlich hochauflösenden Daten zur Validierung von Simulationsmodellen in den Vordergrund. Zweiteres spiegelt sich insbesondere in den eingesetzten Messtechniken wider. So haben mehrere Autoren das Strömungsfeld während des Aufschmelzens von Paraffinen mithilfe der Particle Image Velocimetry räumlich hochauflösend bestimmt [17, 54, 65]. Ein Versuch von Gong [60], die Particle Image Velocimetry mit der laserinduzierte Fluoreszenz zu kombinieren, um sowohl das Geschwindigkeitsfeld als auch die Temperaturverteilung in der flüssigen Phase zu bestimmen, liefert keine guten Ergebnisse. Dies lässt die Schlussfolgerung zu, dass die Temperatur besser mit sehr dünnen Thermoelementen bestimmt werden sollte. Ben-David et al. [52] verwenden die Ultrasound Doppler Velocimetry, um die Phasengrenze und das Strömungsfeld von Gallium während des Aufschmelzens zu bestimmen. Auch kommen bei der Auswertung der Rohbilder zur Bestimmung der Phasengrenze heutzutage vermehrt automatisierte Bildverfahren zum Einsatz [55, 65].

Ein großes Problem bei Aufschmelzexperimenten ist deren Reproduzierbarkeit. Campbell und Koster [51] führten das Experiment von Gau und Viskanta [10] erneut durch, bestimmten jedoch die Phasengrenze mit einer nichtinvasiven Messtechnik. Ihre Ergebnisse zeigen starke Abweichungen im Vergleich zu den Ergebnissen von Gau und Viskanta. Auch Ben-David et al. [52] konnten die Ergebnisse nicht reproduzieren. Das Problem, dass Validierungsexperimente nur schlecht reproduzierbar sind, beschränkt sich nicht auf Gallium. Auch der Vergleich von Versuchen mit Paraffinen zeigt bei dimensionsloser Auftragung große Unterschiede [54]. Gründe dafür sind z. B. unterschiedlich große Wärmeverluste in den Experimenten, verschiedene Reinheiten der verwendeten PCM oder auch Schwankungen in den Versuchsrandbedingungen.

2.4 Untersuchungen zur Unsicherheit bei der Simulation von Schmelzprozessen

Bereits in den 1980er Jahren wurden numerische Ergebnisse veröffentlicht, bei denen die Position der Phasengrenze und der Flüssigphasenanteil gut mit den experimentellen Daten von Gau und Viskanta übereinstimmen [34]. Dies erstaunt, da die Rechenleistung um Größenordnungen kleiner war als die heutzutage verfügbare, in der Simulation nicht zwischen Stoffwerten für die feste und flüssige Phase unterschieden wurde, und, wie bereits erwähnt, die Experimente von Gau und Viskanta [10] nicht reproduzierbar sind. Später zeigte sich jedoch, dass diese gute Übereinstimmung unter anderem deshalb zustande kam, weil die Auflösung des Rechennetzes deutlich zu grob war [67] und sich mehrere Fehler in der Modellierung gegenseitig aufgehoben haben. Dies ist ein Problem, das auch heute noch besteht und die Vorhersagekraft und Zuverlässigkeit der numerischen Methoden deutlich beeinträchtigt. Trotz dieses bekannten Beispiels und den Abweichungen in den numerischen Simulationsergebnissen widmen sich nur wenige Studien explizit den Ursachen der Unsicherheit bei der Simulation von Fest-flüssig-Phasenübergängen. In Studien, welche sich diesem Thema annehmen, werden meist Modelle mit ansteigender Komplexität erstellt und diese nach und nach mit den experimentellen Daten verglichen. Wird zwischen den Modellen mehr als ein Parameter verändert, besteht die Gefahr, dass sich die Effekte der veränderten Parameter auf das Ergebnis der Simulation aufheben – ein großer Nachteil dieser Vorgehensweise.

Mithilfe mehrerer Modelle erklären Soni et al. [68] die Abweichungen zwischen experimentellen und numerischen Ergebnissen beim Aufschmelzen von Octadecan in einer Kugel dadurch, dass eine isotherme Randbedingung im Inneren der Kugelschale angenommen wurde. Weiterhin zeigen sie, dass auch die Einbauten, die das Octadecan fixieren, den Schmelzprozess beeinflussen. Hummel et al. [47] gehen noch einen Schritt weiter und beziehen nicht nur die Kugelschale, sondern auch das die Kugel umgebende Wasser in das Simulationsgebiet mit ein. Mit ihrem gekoppelten Wärmetransportmodell zeigen sie, dass die Annahme einer isothermen Innenwand bei einem Aufschmelzprozess eines PCM mit frei beweglichem Feststoff zu Abweichungen von bis zu 70 % in der Aufschmelzzeit führen kann.

Neben Studien zu den Auswirkungen der angewandten Randbedingungen wurden auch erste, unsystematische Studien zum Einfluss der Stoffdaten durchgeführt. Hassab et al. [69] simulieren den Schmelzprozess von Eicosan in einem stehenden Zylinder mit Volumenänderung. Je nach Randbedingung beträgt der Unterschied zwischen den Modellen mit variabler und konstanter Dichte bis zu 15 %. Galione et al. [29] untersuchen den Einfluss der Stoffdaten beim Aufschmelzen von Octadecan und kommen zu dem Ergebnis, dass das Material 8 % langsamer aufschmilzt, wenn für die Dichte und die Wärmekapazität unterschiedliche Werte für beide Phasen verwendet werden. Im Gegensatz zu den beiden bisher genannten Studien findet Vogel [70] nur geringe Unterschiede zwischen einem Modell mit temperaturabhängigen Stoffdaten und variabler Dichte und einem Modell mit konstanten Stoffdaten und Boussinesq-Approximation. Als PCM wird in dieser Arbeit ebenfalls Octadecan verwendet. Tittelein et al. [71] zeigen, dass nur die thermodynamisch konsistente Einbindung der Enthalpie-Temperatur-Kurve in das numerische Modell die experimentellen Daten detailliert reproduzieren kann. Der Effekt verschiedener Heizraten bei der Bestimmung der Wärmekapazität und der Schmelzenthalpie auf einen latenten thermischen Energiespeicher untersuchen Arkar und Medved [72]. Bouhal et al. [73] vergleichen die Temperatur und den Flüssigphasenanteil beim Aufschmelzen eines PCM, wobei die Wärmekapazität und Wärmeleitfähigkeit variiert wird. Wenig überraschend schmilzt das Material bei höherer Wärmeleitfähigkeit schneller auf. Zsembinski [74] untersuchen den Einfluss der Unsicherheit in den Eingangsparametern auf das Ergebnis des Modells eines auf PCM basierenden Kältespeichers. Als einflussreichster Stoffwert wird der Schmelzpunkt ausgemacht. Um die Anzahl der Simulationen zu beschränken, erfolgt die Variation der Parameter einzeln ausgehend vom Mittelwert. Mit dem selben, auch als lokal bezeichneten Vorgehen, untersuchen König-Haagen et al. [33] einen latenten thermischen Energiespeicher in Mantel-Rohr-Bauweise. Einflussreichster Stoffwert ist in dieser Studie die Dichte. Wird diese um ±10 % variiert, schwankt der Flüssigphasenanteil um 4 %.

Globale Untersuchungen zur Unsicherheit bei der Simulation von Fest-flüssig-Phasenübergängen wurden bisher nur mit vereinfachten, meist diffusiven Modellen durchgeführt. Der Grund dafür ist, dass diese eine deutlich geringere Rechenzeit haben und sich daher globale Unsicherheits- und Sensitivitätsanalysen einfacher durchführen lassen. Dolado et al. [75] propagieren die Unsicherheit in den Eingangsparametern durch das Modell eines latenten thermischen Energiespeichers und berechnen den Unsicherheitsbereich der thermischen Leistung. Bezogen auf ihren Referenzfall liegt die Unsicherheit zu Beginn unter 10 %, steigt jedoch gegen Ende des Schmelzprozesses auf 70 % an. Mingle [76] benutzt eine Monte-Carlo-Analyse, um die einflussreichsten Parameter und die Unsicherheit beim Erstarren von Eis zu bestimmen. Seinen Ergebnissen nach ist der wichtigste Parameter die Temperaturleitfähigkeit des Eises, wobei die Zeit, die zur Bildung einer 5 cm dicken Eisschicht benötigt wird, zwischen 3,21 und 3,59 h schwankt. Ebenfalls mit einer Monte-Carlo-Methode untersuchen Mazo et al. [77] die Auswirkungen von Schwankungen in den Stoffdaten auf einen passiven thermischen latenten Energiespeicher. Der Schmelzpunkt und die Wärmeleitfähigkeit werden als einflussreichste Parameter identifiziert.

3 Zielsetzung und Aufbau der Arbeit

Ziel dieser Arbeit ist es, die Unsicherheit bei der numerischen Simulation von Fest-flüssig-Phasenübergängen anhand einer detaillierten Betrachtung des Aufschmelzprozesses eines Paraffins zu quantifizieren und diese Unsicherheit den dafür verantwortlichen Eingangsparametern des Modells zuzuordnen. Darüber hinaus werden Möglichkeiten und Wege aufgezeigt, wie die Unsicherheit verringert und die Vorhersagekraft numerischer Modelle für Fest-flüssig-Phasenwechsel erhöht werden kann. Folgende wissenschaftliche Fragestellungen sollen in dieser Arbeit beantwortet werden:

- Wie groß ist die Unsicherheit bei der Simulation eines Fest-flüssig-Phasenwechsels?

- Wie stark verringert eine sorgfältige Charakterisierung der Stoffdaten die Schwankungsbreite des Flüssigphasenanteils?

- Welche Eingangsgrößen der Simulation – Stoffdaten, Anfangs- und Randbedingungen des Validierungsexperiments – haben den größten Einfluss auf das Simulationsergebnis und müssen daher in erster Linie genauer bestimmt werden, um die Unsicherheit des Simulationsergebnisses weiter zu verringern?

- Gibt es Eingangsparameter, die das Ergebnis kaum beeinflussen und daher auf einen beliebigen Wert innerhalb ihrer Schwankungsbreite gesetzt werden können?

- Welche Auswirkungen haben die betrachteten Unsicherheiten auf die Aussagekraft gängiger Validierungsmethoden und wie sieht ein geeignetes Validierungsverfahren für die Simulation von Fest-flüssig-Phasenwechseln aus, welches die Unsicherheiten in den Stoffdaten sowie in den Anfangs- und Randbedingungen des Versuchs miteinbezieht?

Zur Beantwortung dieser wissenschaftlichen Fragestellungen ist die weitere Arbeit in folgende Kapitel unterteilt:

- Zunächst werden in Kapitel 4 die zum Verständnis dieser Arbeit benötigten Grundlagen der Finiten-Volumen-Methode und der Particle Image Velocimetry erläutert.

- Darauf aufbauend wird in Kapitel 5 ein numerisches Modell eines Fest-flüssig-Phasenübergangs erstellt, bei dem temperaturabhängige Stoffdaten implementiert sind. Weiterhin wird ein effizienter Lösungsalgorithmus für dieses Modell präsentiert.

- Das numerische Modell soll mithilfe von Experimenten validiert werden. Die Konzeption und Durchführung dieser Validierungsexperimente wird in Kapitel 6 erläutert.

- In Kapitel 7 wird die zur Untersuchung der Unsicherheit benötigte kombinierte Unsicherheits- und Sensitivitätsanalyse vorgestellt. Außerdem wird auf die Eingangsparameter der in dieser Arbeit durchgeführten Analysen eingegangen.

- Die Ergebnisse der Validierung und der kombinierten Unsicherheits- und Sensitivitäts-analyse sind in Kapitel 8 dargestellt. Weiterhin werden Empfehlungen ausgesprochen, wie sich die Unsicherheiten bei der Simulation von Fest-flüssig-Phasenwechseln reduzieren lassen und wie die Validierung der Modelle zur Simulation von Fest-flüssig-Phasenwechseln verbessert werden kann.

- Kapitel 9 fasst die Arbeit prägnant zusammen und gibt einen Ausblick auf deren sinnvolle Fortsetzung. Kapitel 10 ist die englische Übersetzung von Kapitel 9.

4 Grundlagen

In diesem Kapitel werden die wichtigsten Grundlagen zum Verständnis der Finiten-Volumen-Methode (FVM) und der Particle Image Velocimetry (PIV) knapp erläutert.

4.1 Finite-Volumen-Methode

In der Thermofluiddynamik und vielen weiteren wissenschaftlichen Gebieten erfolgt die Modellierung der physikalischen Vorgänge über partielle Differentialgleichungen. Für diese gibt es jedoch nur in einigen wenigen Spezialfällen analytische Lösungen. Zwar sind diese Lösungen für das grundlegende Verständnis vieler physikalischer Prozesse wichtig, jedoch ist ihr Nutzen für die technische Anwendung oft begrenzt. Daher wurden in der Vergangenheit verschiedene Methoden entwickelt, um partielle Differentialgleichungen numerisch, d. h. näherungsweise mithilfe eines Computers, zu lösen. Partielle Differentialgleichungen können allerdings nicht direkt mit dem Computer gelöst werden. Daher überführen sogenannte Diskretisierungsmethoden die partiellen Differentialgleichungen in algebraische Gleichungssysteme. Diese sind per Computer lösbar. Die bekanntesten Diskretisierungsmethoden sind die Finite-Elemente-Methode, die Finite-Differenzen-Methode, die Finite-Volumen-Methode und Spektralmethoden [78, 79]. Während sich die Finite-Elemente-Methode insbesondere zur Lösung von Problemen der Strukturmechanik durchgesetzt hat, dominiert die Finite-Volumen-Methode in der Thermofluiddynamik. In dieser Arbeit wird das Programm OpenFOAM verwendet. In diesem und vielen weiteren Programmen zur Lösung thermofluiddynamischer Fragestellungen wird die Finite-Volumen-Methode für die räumliche Diskretisierung und die Finite-Differenzen-Methode für die zeitliche Diskretisierung verwendet. Diese Kombination wird weiterhin als Finite-Volumen-Methode bezeichnet.

Alle Erhaltungsgleichungen der Thermofluiddynamik haben eine ähnliche Form. Es liegt daher nahe, sowohl die räumliche als auch die zeitliche Diskretisierung anhand einer generischen Erhaltungsgleichung zu demonstrieren. Ausgangspunkt weiterer Erläuterungen ist die Integralform der generischen Erhaltungsgleichung [78]:

$$\underbrace{\frac{\partial}{\partial t} \int_V \rho \theta dV}_{\text{zeitl. Änderung}} + \underbrace{\int_S \rho \theta \vec{u} \cdot d\vec{S}}_{\text{Konvektion}} = \underbrace{\int_S \Gamma \nabla \theta \cdot d\vec{S}}_{\text{Diffusion}} + \underbrace{\int_V q_\theta dV}_{\text{Quellterm}} \tag{4.1}$$

Die generische Variable θ kann sowohl für eine skalare Größe wie etwa die Temperatur als auch für die Komponente eines Vektors z. B. des Geschwindigkeitsfelds stehen. Die Hilfsvariable Γ bezeichnet einen beliebigen Diffusionskoeffizienten, z. B. die Wärmeleitfähigkeit oder die Viskosität. Die Bedeutung der einzelnen Terme der generischen Erhaltungsgleichung ist wie folgt [80]: Die zeitliche Änderung ist die lokale Änderung der generischen Größe innerhalb eines Kontrollvolumens V. Der Konvektions- und der Diffusionsterm beschreiben Transportvorgänge über die Randfläche des Kontrollvolumens S. Beim Konvektionsterm findet der Transport aufgrund eines Geschwindigkeitsfelds statt. Daher ist der Konvektionsterm richtungsabhängig. Im Gegensatz dazu beschreibt der Diffusionsterm den Transportvorgang aufgrund eines Gradienten, z. B. in der Konzentration, der Temperatur etc., und ist nicht richtungsabhängig. Der Quellterm q_θ beinhaltet die nicht auf Transportphänomenen beruhenden Vorgänge wie chemische Reaktionen oder Phasenwechsel innerhalb des Kontrollvolumens.

4.1.1 Räumliche Diskretisierung

Der erste Schritt der räumlichen Diskretisierung mit der FVM besteht in der Aufteilung des Rechengebietes in sogenannte Kontrollvolumen oder Rechenzellen (Abb. 4.1). Diese Aufteilung des Rechengebietes ist sinnvoll, da die Integralform einer Erhaltungsgleichung sowohl auf ihrem Definitionsgebiet, als auch auf willkürlich geformten Teilgebieten gilt. Bedingung ist, dass sich diese Teilgebiete nicht überlappen und dass sie zusammen das ursprüngliche Gebiet ergeben. Ursächlich für diese Eigenschaft von integralen Erhaltungsgleichungen ist die Linearität der Integralrechnung.

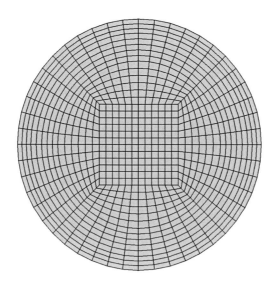

Abbildung 4.1: Beispiel für ein zweidimensionales, nichtorthogonales Gitter.

Nachdem die Vernetzung durchgeführt wurde, wird die integrale Form der Erhaltungsgleichungen für jede Rechenzelle einzeln diskretisiert. Dazu werden die in den Erhaltungsgleichungen auftretenden Volumen- und Oberflächenintegrale durch Quadraturformeln approximiert. Die Fehlerordnung dieser Formeln hängt von der Anzahl der Stützstellen ab. Außerdem ist es bei der FVM üblich, die Variablenwerte nur in den Zellzentren zu speichern. Daher müssen zur Auswertung der Oberflächenintegrale die Variablenwerte auf die Zellwände interpoliert werden. Dabei ist entscheidend, dass die Fehlerordnung der Interpolation gleich groß ist wie die Fehlerordnung der Quadraturformel und somit die Fehlerordnung der Quadraturformel nicht verringert wird [78]. Untereinander verbunden sind die einzelnen Rechenzellen durch konvektive und diffusive Flüsse, welche durch die Zellflächen fließen. Da ein konvektiver oder diffusiver Fluss, der aus einer Rechenzelle fließt, in eine benachbarte Rechenzelle fließen muss, bleiben die Erhaltungseigenschaften der ursprünglichen Gleichung auch nach der Diskretisierung erhalten [81]. Dies stellt einen großen Vorteil gegenüber anderen Diskretisierungsmethoden dar.

Zur Approximation der Volumen- und Oberflächenintegrale wird in OpenFOAM die Mittelpunktsregel verwendet. Sie ist zweiter Fehlerordnung, solange der Rechenpunkt im Schwerpunkt der Zelle bzw. der Zellwand liegt. Darüber hinaus stellt OpenFOAM eine Vielzahl von Interpolationsmethoden bereit, die für den Konvektions- und den Diffusionsterm einzeln vorgegeben werden können [82].

Nachfolgend wird die räumliche Diskretisierung der einzelnen Terme der allgemeinen Erhaltungsgleichung ausführlicher diskutiert. Dabei wird stets erläutert, wie die Diskretisierung in OpenFOAM gehandhabt wird. Die räumliche Diskretisierung des zeitlichen Terms erfolgt analog zum Quellterm und wird daher nicht gesondert behandelt. Dafür wird auch auf die räumliche Diskretisierung des Gradienten eingegangen. Dieser ist zwar nicht explizit Teil der generischen Erhaltungsgleichung, er ist aber dennoch wichtig für das im nächsten Abschnitt vorgestellte numerische Modell, da er dort Teil eines Quellterms ist. Weiterhin bezeichnen im Folgenden der Index P den Rechenpunkt einer Zelle und der Index N den Rechenpunkt einer beliebigen Nachbarzelle.

Konvektionsterm

Die integrale Form des Konvektionsterm wird mit der Mittelpunktsregel linearisiert:

$$\int_S \rho\theta\vec{u} \cdot \mathrm{d}\vec{S} \approx \sum_f \vec{S}_f \cdot (\rho\vec{u})_f \theta_f. \tag{4.2}$$

Die in Gleichung 4.2 auftretende Summe läuft über alle Zellflächen f, wobei $\vec{S}_f$ der Oberflächenvektor der jeweiligen Zellfläche ist. Eine Möglichkeit, θ auf die Zellfläche zu interpolieren, ist die lineare Interpolation:

$$\theta_f = g\theta_P + (1-g)\theta_N, \tag{4.3}$$

wobei g ein Gewichtungsfaktor ist. Die lineare Interpolation ist zweiter Fehlerordnung, erzeugt jedoch oftmals unphysikalische Oszillationen in der Lösung. Eine oszillationsfreie Lösung liefert die Aufwindinterpolation. Diese ist jedoch nur erster Fehlerordnung. Die Idee der Aufwindinterpolation besteht darin, den Massenfluss des vorherigen Iterationsschritts $\dot{m}_f = \vec{S}_f \cdot (\rho \vec{u})_f$ dazu zu verwenden, die Flussrichtung der Strömung zu bestimmen. Abhängig von der Flussrichtung wird entweder der Wert im Zellzentrum θ_P oder der Wert im Zellzentrum der Nachbarzelle θ_N als Wert für die Zelloberfläche herangezogen (Abb. 4.2):

$$\theta_f = \begin{cases} \theta_P & \dot{m}_f > 0 \\ \theta_N & \dot{m}_f < 0. \end{cases} \tag{4.4}$$

Durch ihre niedrige Fehlerordnung induziert die Aufwindinterpolation einen als numerische Diffusion bekannten Fehler, der Gradienten abschwächt und somit das von der Konvektion transportierte Feld verschmiert. Da allerdings nicht nur die lineare Interpolation, sondern generell Interpolationen höherer Ordnung Oszillationen verursachen, wurden spezielle Interpolationsmethoden zweiter Ordnung entwickelt, die lokal auf erste Ordnung herabfallen, aber dafür oszillationsfreie Lösungen liefern. Detaillierte Ausführungen zu diesen Interpolationsmethoden können z. B. in Moukalled et al. [81] gefunden werden.

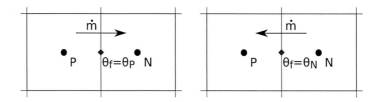

Abbildung 4.2: Richtungsabhängigkeit der Aufwindinterpolation.

Diffusionsterm

Wie beim Konvektionsterm wird auch beim Diffusionsterm dessen integrale Form zunächst per Mittelpunktsregel linearisiert:

$$\int_S (\Gamma \nabla \theta) \cdot \mathrm{d}\vec{S} \approx \sum_f \Gamma_f \vec{S}_f \cdot (\nabla \theta)_f. \tag{4.5}$$

In den meisten Fällen ist der Diffusionskoeffizient Γ nicht konstant und muss daher aus den Zellzentren auf die Zellwände interpoliert werden. Am häufigsten wird dazu die lineare Interpolation verwendet. Ist der Diffusionskoeffizient auf der Zelloberfläche bekannt, muss noch die Skalarmultiplikation des Gradienten auf der Zelloberfläche mit dem Vektor der Zelloberfläche ausgeführt werden. Ausgeschrieben in zwei Dimensionen lautet diese Skalarmultiplikation:

$$\vec{S}_f \cdot (\nabla \theta)_f = S_{f,x} \left(\frac{\partial \theta}{\partial x} \right)_f + S_{f,y} \left(\frac{\partial \theta}{\partial y} \right)_f . \tag{4.6}$$

Dabei sind $S_{f,x}$ bzw. $S_{f,y}$ die Komponenten des Oberflächenvektors $\vec{S}_f$ in x- bzw. y-Richtung. Ist das Netz orthogonal, ist eine dieser beiden Komponenten gleich Null. In Abbildung 4.3 ist der Fall einer verschwindenden y-Komponente dargestellt ($S_{f,y} = 0$). Dieser Fall wird im

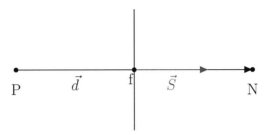

Abbildung 4.3: Orthogonales Netz mit verschwindender y-Komponente des Oberflächenvektors $\vec{S}$.

Folgenden betrachtet, die Vorgehensweise für $S_{f,x} = 0$ ist analog. Durch die verschwindende y-Komponente reduziert sich Gleichung 4.6 auf einen Summanden:

$$\vec{S}_f \cdot (\nabla \theta)_f = S_{f,x} \left(\frac{\partial \theta}{\partial x} \right)_f . \tag{4.7}$$

Somit muss zur Bestimmung dieses Terms nur noch die Ableitung der generischen Variablen in x-Richtung auf der Zelloberfläche approximiert werden. Die Zentraldifferenz für diese Ableitung ist gegeben durch:

$$\left(\frac{\partial \theta}{\partial x} \right)_f = \frac{\theta_N - \theta_P}{|\vec{d}|}, \tag{4.8}$$

mit $|\vec{d}|$ als Abstand zwischen den Zellzentren

$$|\vec{d}| = |\vec{x}_N - \vec{x}_P|. \tag{4.9}$$

Ist das Netz nichtorthogonal, ist die Vereinfachung von Gleichung 4.6 nicht mehr zulässig und die korrekte Auswertung des Diffusionsterms wird durch einen zusätzlichen expliziten Korrekturterm sichergestellt [81].

Quellterm

Der Quellterm wird ebenfalls durch die Mittelpunktsregel linearisiert:

$$\int_V q_\theta \mathrm{d}V = V_P q_{\theta,P}. \tag{4.10}$$

Im Gegensatz zum Konvektions- und Diffusionsterm muss bei der Auswertung des Quellterms keine Interpolation vorgenommen werden, da die Werte in den Zellzentren bekannt sind.

Gradient

Für die Diskretisierung des Gradienten existieren in OpenFOAM zwei Methoden. Bei der ersten wird zunächst über die differentielle Form des Gradienten integriert. Das entstandene Volumenintegral wird dann mit dem Gaußschen Integralsatz in ein Oberflächenintegral umgewandelt, welches per Mittelpunktsregel linearisiert wird:

$$\int_V \nabla \theta \mathrm{d}V = \int_S \theta d\vec{S} = \sum_f \theta_f \vec{S}_f. \tag{4.11}$$

Die Auswertung von θ_f erfolgt meist mit der linearen Interpolation. Die zweite Möglichkeit, den Gradienten zu bestimmen, ist über die Methode der kleinsten Quadrate [83]. Der mithilfe dieser Methode bestimmte Gradient hat auf unstrukturierten Gittern eine höhere Fehlerordnung im Vergleich zum ersten Ansatz. Auf orthogonalen, äquidistanten Gitter gehen allerdings die beiden Methoden ineinander über [81].

Ein Nachteil beider Methoden ist, dass der Wert in der Zelle P bei einem orthogonalen Gitter nicht zur Bestimmung des Gradienten am Punkt P benötigt wird. Folglich verschwindet die Diagonale der nach der Diskretisierung des Terms entstehenden Koeffizientenmatrix auf einem orthogonalen Gitter. Da für die iterative Lösung linearer Gleichungssysteme meist Diagonaldominanz vorausgesetzt wird, kann die Auswertung des Gradienten nur explizit erfolgen.

4.1.2 Zeitliche Diskretisierung

Bei instationären Strömungen muss neben dem Raum auch die Zeit diskretisiert werden. Dabei ist zu beachten, dass die Zeit als vierte Koordinate stets in positive Richtung läuft. Dies spiegelt sich auch in den eingesetzten Diskretisierungsmethoden wider, die häufig auf Schrittverfahren beruhen, welche zur Lösung von Anfangswertproblemen gewöhnlicher Differentialgleichungen entwickelt wurden [78].

Nach der räumlichen Diskretisierung, lautet eine kompakte Schreibweise der generische Erhaltungsgleichung:

$$\frac{\partial}{\partial t}(\rho_P \theta_P V_P) + \mathcal{L}(\theta_{P,N}) = 0. \tag{4.12}$$

Der Operator $\mathcal{L}$ beinhaltet die komplette räumliche Diskretisierung des Diffusions- und Konvektionsterms sowie eventuell vorhandener Quellterme. Die Indizes P und N bedeuten, dass der räumliche Operator $\mathcal{L}$ vom Wert der generischen Variable θ in der Rechenzelle und von dem in den benachbarten Rechenzellen abhängt. Die einfachste Methode, den Wert der generischen Variable zum nächsten Zeitpunkt $n+1$ zu berechnen, ist das explizite Eulerverfahren. In diesem wird die zeitliche Ableitung mit einer Finiten-Differenz erster Ordnung berechnet und der räumlichen Operator $\mathcal{L}$ zum Zeitpunkt n ausgewertet:

$$\frac{(\rho_P\theta_P)^{n+1} - (\rho_P\theta_P)^n}{\Delta t}V_P + \mathcal{L}(\theta_{P,N})^n = 0, \tag{4.13}$$

wobei Δt den Zeitschritt darstellt. Das explizite Eulerverfahren ist erster Fehlerordnung und nur stabil, wenn bestimmte Stabilitätskriterien erfüllt sind [81]. Für konvektionsdominierte Strömungen ist das Kriterium, dass die Courant-Zahl in allen Zellen kleiner als Eins sein muss:

$$Co = \frac{U\Delta t}{\Delta x} < 1. \tag{4.14}$$

Dabei ist U die lokale Geschwindigkeit und Δx die charakteristische Länge der Zelle. Anschaulich interpretiert bedeutet das Courant-Zahl-Kriterium, dass sich die durch die Konvektion transportierte Information nur eine Zelle pro Zeitschritt ausbreiten darf. Andernfalls wird der Algorithmus instabil [80]. Wertet man den räumlichen Operator $\mathcal{L}$ zum Zeitpunkt $n+1$ aus, erhält man das implizite Eulerverfahren:

$$\frac{(\rho_P\theta_P)^{n+1} - (\rho_P\theta_P)^n}{\Delta t}V_P + \mathcal{L}(\theta_{P,N})^{n+1} = 0. \tag{4.15}$$

Wie das explizite ist auch das implizite Eulerverfahren erster Fehlerordnung. Allerdings ist es bedingungslos stabil. Dafür muss ein, im Allgemeinen, nichtlineares Gleichungssystem gelöst werden, um θ_P^{n+1} zu bestimmen. Die Kombination aus explizitem und implizitem Eulerverfahren ist zweiter Fehlerordnung und wird Crank-Nicolson-Verfahren genannt:

$$\frac{(\rho_P\theta_P)^{n+1} - (\rho_P\theta_P)^n}{\Delta t}V_P + \frac{1}{2}(\mathcal{L}(\theta_{P,N})^n + \mathcal{L}(\theta_{P,N})^{n+1}) = 0. \tag{4.16}$$

Dieses Verfahren ist bedingungslos stabil, liefert aber zum Teil oszillierende Lösungen. Eine grafische Darstellung der Methoden ist in Abbildung 4.4 gezeigt. Weitere Verfahren höherer Ordnung können z. B. in Hirsch [79] gefunden werden.

4.1.3 Anfangs- und Randbedingungen

Anfangs- und Randbedingungen werden benötigt, um eine in sich geschlossene Problemstellung zu erhalten. Die Anfangsbedingungen einer generischen Variable $\theta_0(x,y)$ werden vorgegeben,

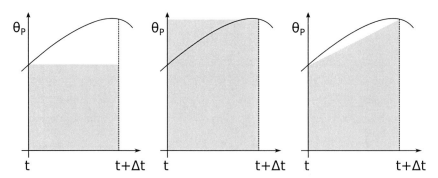

Abbildung 4.4: Graphische Darstellung des expliziten Eulerverfahrens (links), des impliziten
                Eulerverfahrens (Mitte) und des Crank-Nicolson-Verfahrens (rechts) für eine
                Rechenzelle. In Anlehnung an Ferziger und Peric [78].

indem jeder Rechenzelle ein Startwert zugewiesen wird. Soll z. B. zu Beginn der Simulation das
Rechengebiet eine einheitliche Temperatur von 303 K vorweisen, wird jeder Rechenzelle dieser
Wert zugewiesen.

Bei Randbedingungen wird zwischen zwei mathematischen Typen unterschieden: die Vorgabe
eines festen Wertes der Variable am Rand des Rechengebietes (Dirichlet-Randbedingung) oder
des Gradienten normal zum Rand (Neumann-Randbedingung). Durch eine Kombination aus
diesen beiden mathematischen Randbedingungen lassen sich eine Vielzahl von physikalischen
Randbedingungen ausdrücken. Im Folgenden wird kurz auf die Implementierung dieser beiden wichtigen Randbedingungen in der FVM eingegangen. Eine Zellwand, die den Rand des
Simulationsgebietes darstellt, wird mit b bezeichnet (Abb. 4.5).

Diffusionsterm

Ausgangspunkt ist die diskretisierte Form des Diffusionsterms:

$$\sum_f \Gamma_f (\nabla \theta)_f \cdot \vec{S}_f. \tag{4.17}$$

Um eine Randbedingung auf einer Zellwand b vorzugeben, muss der Wert des Gradienten normal zum Rand auf der Zellwand bekannt sein. Bei einer Neumann-Randbedingung kann der
Wert von $(\nabla \theta)_b \cdot \vec{n}_b$ direkt vorgegeben werden. Im Gegensatz dazu muss bei einer Dirichlet-
Randbedingung der Gradient am Rand über einen einseitigen Differenzenquotient ausgedrückt
werden:

$$(\nabla \theta)_b = \frac{\theta_b - \theta_P}{|\vec{d}|}. \tag{4.18}$$

Konvektionsterm

Erneut ist der Ausgangspunkt die diskretisierte Form des entsprechenden Terms:

$$\sum_f (\rho \vec{u})_f \cdot \vec{S}_f \theta_f. \tag{4.19}$$

Da beim Konvektionsterm der Wert der Variablen auf der Zellwand benötigt wird, lässt sich hier die Dirichlet-Randbedingung direkt vorgeben. Für die Vorgabe einer Neumann-Randbedingung wird erneut auf den einseitigen Differenzenquotient zurückgegriffen:

$$(\nabla \theta)_b = \frac{\theta_b - \theta_P}{|\vec{d}|}. \tag{4.20}$$

Umgestellt ergibt sich eine Gleichung für den Wert der Variablen auf der Zellwand:

$$\theta_b = (\nabla \theta)_b |\vec{d}| + \theta_P. \tag{4.21}$$

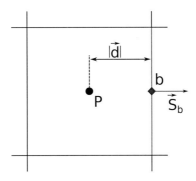

Abbildung 4.5: Randzelle des Rechengebietes mit nach außen zeigendem Normalenvektor.

4.1.4 OpenFOAM

OpenFOAM ist ein auf der FVM basierendes Programm zur numerischen Lösung thermofluid-dynamischer Fragestellungen. Es ist in der Programmiersprache C++ geschrieben und wurde ursprünglich am Imperial College London von Henry Weller entwickelt [84]. Seit einigen Jahren ist der Quellcode von OpenFOAM frei zugänglich und darf modifiziert werden. Dies erlaubt es, eigene Löser zu entwickeln. Dafür stellt OpenFOAM eine spezielle Syntax bereit, die der mathematischen Schreibweise von partiellen Differentialgleichungen ähnelt. Die Ähnlichkeit zwischen der OpenFOAM Syntax und der mathematischer Schreibweise wird am Beispiel der inkompressiblen Impulsgleichung deutlich [85]:

$$\frac{\partial \rho \vec{u}}{\partial t} + \nabla \cdot \varphi \vec{u} - \nabla \cdot (\nu \nabla \vec{u}) = -\nabla p. \tag{4.22}$$

In der OpenFOAM wird diese Gleichung durch folgenden Code repräsentiert:

```
solve
(
      fvm::ddt(rho, U)
   +  fvm::div(phi, U)
   -  fvm::laplacian(nu, U)
      ==
   -  fvc::grad(p)
);
```

Die einzelnen Variablen und mathematischen Operatoren können der OpenFOAM Syntax intuitiv zugeordnet werden. Um die Bedeutung der vorangestellten *fvm* und *fvc* zu erläutern, wird die Gleichung in Lösungsvektorform gebracht:

$$\underline{C}\vec{u} = \vec{r}. \tag{4.23}$$

Das vorangestellte *fvm* bedeutet, dass die Diskretisierung dieser Terme in die dünnbesetzte Koeffizientenmatrix $\underline{C}$ eingehen. Dahingegen gehen Terme mit *fvc* in den Rechte-Seite-Vektor $\vec{r}$ ein. Soll eine Gleichung implizit nach einer Variablen gelöst werden, so müssen alle Terme, die diese Variable beinhalten, mit *fvm* diskretisiert werden.

4.2 Particle Image Velocimetry (PIV)

Die Particle Image Velocimetry (PIV) ist eine berührungslose Strömungsmesstechnik zur quantitativen Visualisierung eines Strömungsfelds. Der klassische PIV-Aufbau besteht aus einem Laser, mehreren Linsen, die aus dem Laserstrahl ein Lichtblatt formen, einer Digitalkamera und Partikeln (Abb. 4.6).

Kurz zusammengefasst lässt sich die Vorgehensweise bei der PIV wie folgt beschreiben: Die Partikel werden in die zu untersuchende Strömung gegeben und durch das Lichtblatt beleuchtet. Parallel zum Lichtblatt ist die Kamera positioniert. Diese nimmt das Partikelmuster an zwei kurz aufeinander folgenden Zeitpunkten auf. Die Auswertung der Rohbilder erfolgt durch eine Kreuzkorrelation einzelner Auswertefenster. Anschaulich beschrieben ist die Kreuzkorrelation ein Verfahren, das versucht, das Partikelmuster aus einem Auswertefenster des ersten Bildes durch lineares Verschieben in dem zugeordneten Auswertefenster des zweiten Bildes wiederzufinden. Aus dieser Verschiebung und dem zeitlichen Abstand zwischen den beiden Kameraaufnahmen wird für jeden Bildausschnitt des Rohbildes ein Geschwindigkeitsvektor berechnet.

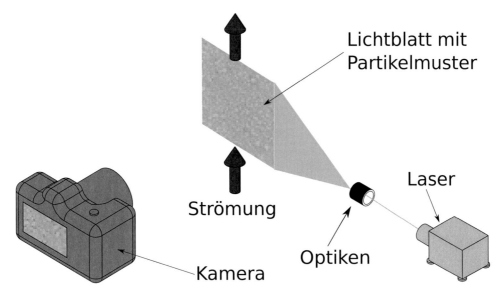

Abbildung 4.6: Klassischer PIV-Aufbau mit Laser, lichtblatterzeugenden Optiken, einer mit Partikeln beladener Strömung und einer parallel zum Lichtblatt platzierten Kamera.

4.2.1 Partikel

Partikel müssen zwei Eigenschaften aufweisen, um für PIV geeignet zu sein. Sie müssen klein genug sein, um der Strömung folgen zu können, und gleichzeitig groß genug, um ausreichend Licht zu streuen [86]. Darüber hinaus sollte die Dichte der Partikel möglichst ähnlich der des Fluids sein. Eine Abschätzung, wie gut die Partikel der Strömung folgen können, ist nach Raffel et al. [87] durch die Geschwindigkeitsverzögerung U_a gegeben:

$$U_a = U_p - U_l = d_p^2 \frac{\rho_p - \rho_l}{18\eta} a. \tag{4.24}$$

Die Beschleunigung, die auf die Partikel wirkt, wird mit a bezeichnet, η ist die Viskosität der Flüssigkeit, d ist der Durchmesser, der Index p steht für Partikel und der Index l für flüssig. Gleichung 4.24 beruht auf dem Stokesschen Reibungsgesetz und ist nur für kleine Partikel-Reynoldszahlen gültig.

Ein Problem, welches die Auswertung der Rohbilder am Rand eines Untersuchungsgebietes erschwert, sind Reflexionen des Lichtblatts. Diese können das Leuchten der Partikel überdecken. Eine Möglichkeit, den Einfluss von Reflexionen auf die Bildaufnahme zu verringern, ist der Einsatz von fluoreszierenden Partikeln. Bei diesen Partikeln wird das Licht nicht elastisch gestreut, sondern inelastisch emittiert. Dies bedeutet, dass die Fluoreszenz eine größere Wellenlänge besitzt als das anregende Licht. Da die fluoreszierenden Partikel also Licht mit einer anderen Farbe abstrahlen, können die störenden Reflexionen durch einen vor der Kamera platzierten Farbfilter entfernt werden. Weil jedoch die Umwandlung in Fluoreszenz nicht vollständig geschieht, wird eine höhere Anregungsintensität benötigt.

4.2.2 Kreuzkorrelation

Die Umwandlung, der auf den beiden kurz hintereinander aufgenommen Bildern vorhandenen Partikelmuster in ein Verschiebungsfeld, erfolgt durch eine Kreuzkorrelation. Dazu werden die Rohbilder in kleine Bildausschnitte, auch Auswertefenster genannt, aufgeteilt. Die Intensitätsverteilungen dieser Auswertefenster werden miteinander korreliert, um den wahrscheinlichsten Wert des Verschiebungsvektors zu erhalten. In diskreter Form lässt sich die Kreuzkorrelationsfunktion schreiben als:

$$\mathcal{R}(x,y) = \sum_i \sum_j I_1(i,j) I_2(i+x, j+y), \qquad (4.25)$$

dabei sind I_1 und I_2 die Intensitätsverteilungen zweier Auswertefenster zu den Zeitpunkten t_1 und t_2. Die Kreuzkorrelationsfunktion hat ein Maximum, wenn die Verschiebungen in x- und y-Richtung so gewählt werden, dass die Abbilder der Partikel und damit die Maxima der Intensitätsverteilungen übereinander liegen. Im Allgemeinen bewegen sich die Partikel innerhalb eines Auswertefensters nicht mit der gleichen Geschwindigkeit. Die über die Kreuzkorrelation und den Bildabstand erhaltene Geschwindigkeit ist daher die gemittelte Geschwindigkeit der Partikel im Auswertefenster. Außerdem werden bei der Auswertung Effekte wie die Rotation und Dehnung der Partikelabbilder nicht in Betracht gezogen. Daher sollten die Auswertefenster so klein gewählt werden, dass diese Effekte vernachlässigbar sind [87].

Es gibt zwei Möglichkeiten, die Kreuzkorrelationsfunktion zu berechnen. Die erste ist die direkte Berechnung über Gleichung 4.25. Ein Vorteil dieser Methode ist, dass die Auswertefenster unterschiedliche Größen haben können (Abb. 4.7). Wird das erste Auswertefenster doppelt so groß gewählt wie das zweite, hat eine Verschiebung in Größe des zweiten Fensters keinerlei Informationsverlust zur Folge.

Der Rechenaufwand der direkten Auswertung ist allerdings sehr hoch. Daher wird meistens der Umweg über eine Fourier-Transformation gegangen. In diesem Fall sind beide Auswertefenster gleich groß und müssen aufgrund der Berechnungsmethode als periodisch angenommen werden. Dies hat zur Folge, dass jede Partikelverschiebung einen Informationsverlust nach sich zieht und das Hintergrundrauschen erhöht wird. Verbessern lässt sich das Signal-Rausch-Verhältnis durch mehrere, nacheinander durchgeführte diskrete Fourier-Transformationen, wobei die Position und die Form der Auswertefenster zwischen den einzelnen Durchgängen angepasst wird, um den Informationsverlust durch die Partikelverschiebung zu minimieren [88]. Eine Möglichkeit, die diskrete Fourier-Transformation effizient zu berechnen, bietet die schnelle

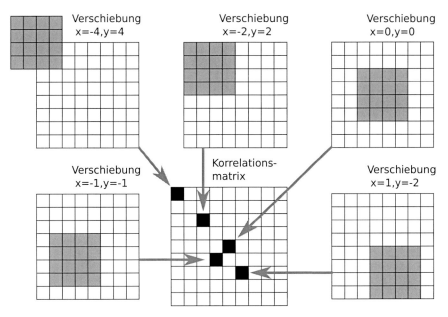

Abbildung 4.7: Grafische Darstellung der direkten Berechnung der Korrelationsmatrix, wie sie
in Matlab durchgeführt wird. Ein kleines Auswertefenster (grau, 4x4 Pixel) wird
mit einem größeren korreliert (weiß, 8x8 Pixel). Dies ergibt eine 9x9 Korrelationsmatrix. Nach Raffel et al. [87] und Thielicke [88].

Fourier-Transformation (engl. Fast Fourier Transform, meist abgekürzt als FFT). Der Ablauf
der Berechnung der Korrelationsfunktion über eine FFT ist in Abbildung 4.8 dargestellt.

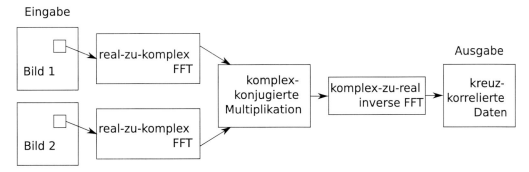

Abbildung 4.8: Bestimmung   der   Kreuzkorrelationsfunktion   über   eine   Fourier-
Transformation [87].

4.2.3 Einfluss eines variablen Brechungsindexfelds

Großen Einfluss auf die Qualität der PIV-Auswertung hat das Brechungsindexfeld des Mediums, welches das Licht durchqueren muss, bevor es auf den Kamerachip trifft. Der Grund dafür ist, dass innerhalb eines inhomogenen Brechungsindexfeldes die von den Partikeln ausgehenden Lichtstrahlen abgelenkt werden und nicht mehr geradlinig verlaufen (Abb. 4.9). Die Ablenkung der Lichtstrahlung erfolgt dabei in Richtung des höheren Brechungsindex.

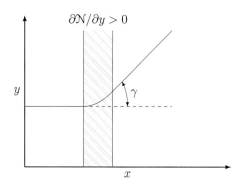

Abbildung 4.9: Ablenkung eines Lichstrahls um den Winkel γ beim Durchgang durch ein Medium mit variablem Brechungsindex. Nachdem der Lichtstahl das Medium mit variablem Brechungsindex verlässt, verläuft er wieder geradlinig.

Eine direkte Folge dieser abgelenkten Lichtstrahlen sind systematische Abweichungen, sowohl in der Position der Partikel in der Bildebene als auch im Wert der Geschwindigkeitsvektoren. Darüber hinaus werden die Abbilder der Partikel unscharf (Abb. 4.10). Ursache eines variablen Brechungsindexfeld können z. B. Temperaturunterschiede in der Strömung sein. Diese induzieren Dichteunterschiede, welche wiederum ein variables Brechungsindexfeld nach sich ziehen. Bei zu hohen Temperaturgradienten sind die Rohbilder verschwommen und die einzelnen Partikelabbilder sind nicht mehr zu erkennen. In solchen Fällen ist keine Auswertung der Rohbilder mehr möglich.

Unter der Annahme eines zwei-dimensionalen Strömungsfelds, keinerlei Schlupfeffekten zwischen Partikeln und Fluid sowie eines parabelförmigen Verlaufs der Lichtstrahlen werden die Positions- und die Geschwindigkeitsabweichung von Elsinga et al. [89] folgendermaßen quantifiziert:

$$\vec{\zeta} = -\frac{Z^2}{2}\nabla \mathcal{N}, \tag{4.26}$$

$$\Delta\vec{u} = \left(\nabla\vec{\zeta}\right)\vec{u} - \left(\nabla\vec{u}\right)\vec{\zeta} \quad \text{mit} \quad \nabla\vec{\zeta} = -\frac{Z^2}{2}\begin{pmatrix} \frac{\partial^2 \mathcal{N}}{\partial x^2} & \frac{\partial^2 \mathcal{N}}{\partial x \partial y} \\ \frac{\partial^2 \mathcal{N}}{\partial x \partial y} & \frac{\partial^2 \mathcal{N}}{\partial y^2} \end{pmatrix}, \tag{4.27}$$

wobei Z der Abstand zwischen der Laserebene und dem vorderen Rand des Versuchsraums ist (siehe Abb. 4.10). Der Brechungsindex wird mit $\mathcal{N}$ bezeichnet. Wie bereits zu Beginn dieses Abschnitts ausgeführt, ist der Brechungsindex eine Funktion der Temperatur $\mathcal{N} = \mathcal{N}(T)$.

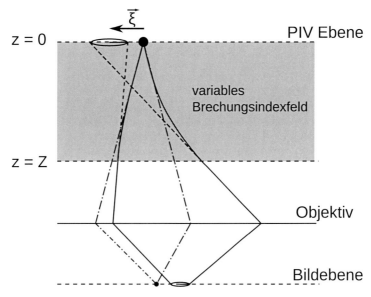

Abbildung 4.10: Entstehung von Partikelunschärfe und Positionsabweichung durch ein variables Brechungsindexfeld nach Elsinga et al. [89]. Durchgezogene Linien repräsentieren vom Brechungsindexfeld beeinflusste Lichtstrahlen. Die gestrichelten Linien sind die rückwärtige Verlängerung dieser Strahlen. Sie geben die scheinbare Position des Partikels in der PIV-Ebene an. Gepunktet-gestrichelte Linien sind unbeeinflusste Lichtstrahlen ohne variables Brechungsindexfeld.

5 Numerische Simulation von Fest-flüssig-Phasenübergängen

Dieses Kapitel beschäftigt sich zunächst mit der Herleitung eines mathematischen Modells zur Beschreibung von isothermen Fest-flüssig-Phasenwechseln auf einem raumfestem Gitter. Die einphasigen Erhaltungsgleichungen der Thermofluiddynamik werden dabei als bekannt vorausgesetzt. Eine Herleitung dieser Gleichungen kann z. B. in Spurk und Aksel [90] gefunden werden. Nachdem das mathematische Modell hergeleitet wurde, wird erläutert, wie dieses mithilfe von OpenFOAM numerisch gelöst wird. Außerdem werden der in dieser Arbeit verwendete Testfall vorgestellt und die zur Diskretisierung und Interpolation verwendeten Schemata angegeben. Ein am Ende dieses Kapitels gezeigter Ablaufplan des numerischen Lösungsprozesses stellt diesen prägnant dar.

5.1 Erstellung eines mathematischen Modells zur Simulation von Fest-flüssig-Phasenübergängen

Beide Phasen sollen auf einem gemeinsamen, raumfesten Gitter dargestellt werden. Um dies zu ermöglichen, wird ein Mischungsansatz verwendet [91].

5.1.1 Mischungsansatz

Der Mischungsansatz beruht auf der Einführung einer zusätzlichen Feldgröße, dem volumetrischen Flüssigkeitsgehalt pro Zelle α. Der volumetrische Flüssigkeitsgehalt pro Zelle ist definiert als das Verhältnis aus dem von der Flüssigkeit eingenommenen Volumen zum Gesamtvolumen einer Zelle:

$$\alpha = \frac{V_l}{V_{ges}}. \tag{5.1}$$

Für Zellen, die nur Flüssigkeit enthalten, ist der volumetrische Flüssigkeitsgehalt Eins. Für Zellen, die nur Feststoff enthalten, ist er Null. Zellen, die sowohl Feststoff als auch Flüssigkeit enthalten, haben einen Flüssigkeitsgehalt zwischen Null und Eins.

Die Position der Phasengrenzfläche zwischen der festen und der flüssigen Phasen wird nicht explizit berechnet, da sie für die im nächsten Abschnitt beschriebene Berechnungsmethode des Phasenübergangs nicht benötigt wird. Allerdings kann die Position der Phasengrenze nachträglich aus dem volumetrischen Flüssigkeitsanteil bestimmt werden. Dass die Position der Phasengrenze nicht explizit berechnet werden muss, ist aufgrund der damit verbundenen Rechenzeitersparnis ein großer Vorteil von Mischungsansätzen. Gleichzeitig werden jedoch durch die Verteilung des Flüssigphasenanteils nahezu beliebig komplexe Phasengrenzverläufe ermöglicht – beides Gründe, weshalb Mischungsansätze für mehrphasige Strömungen weite Verbreitung gefunden haben. Eine beispielhafte Verteilung eines α-Feldes ist in Abbildung 5.1 gezeigt.

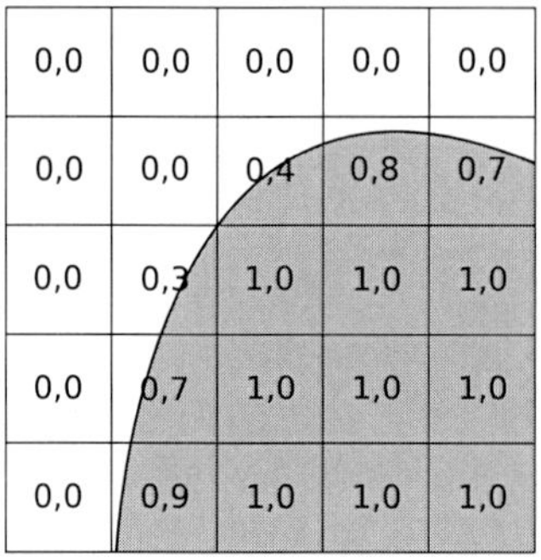

0,0	0,0	0,0	0,0	0,0
0,0	0,0	0,4	0,8	0,7
0,0	0,3	1,0	1,0	1,0
0,0	0,7	1,0	1,0	1,0
0,0	0,9	1,0	1,0	1,0

Abbildung 5.1: Beispielhafte Verteilung des Flüssigphasenanteils α und die daraus bestimmte Phasengrenzfläche. Jeder Zelle ist ein Wert des Flüssigphasenanteils zugewiesen. Zur besseren Übersicht ist die flüssige Phase grau dargestellt und die feste Phase weiß.

In dieser Arbeit werden isotherme Phasenübergänge mit fixiertem Feststoff untersucht. Bei diesen ist das Geschwindigkeitsfeld in der festen Phase per Definition Null. Aus diesem Grund ändert sich die Verteilung des α-Feldes nur wegen des Phasenwechsels und nicht etwa durch Konvektion, wie dies bei zweiphasigen Strömungen sonst oftmals der Fall ist. Darüber hinaus hat der fixierte Feststoff zur Folge, dass nur flüssige Stoffwerte konvektiert werden können. Im Modell wird die Geschwindigkeit im Feststoff durch einen der Impulsgleichung hinzugefügten Darcy-Quellterm auf Null gesetzt:

$$\vec{A}(\alpha) = \frac{D(1-\alpha)^2}{\alpha^3 + e}\vec{u}, \tag{5.2}$$

wobei D die Darcy-Konstante und e eine kleine Zahl ist, um nicht durch Null zu teilen. Der Darcy-Quellterm zwingt die Impulsgleichung dazu, sich in Zellen, die einen Phasenwechsel durchlaufen, wie die Carman-Kozeny-Formulierung der Darcy-Gleichung durch poröse Medien zu verhalten [34]. Eine anschauliche Interpretation des Darcy-Quellterms für isotherme Fest-flüssig-Phasenübergänge, ist die eines kontinuierlichen Geschwindigkeitsabschaltterms. Khadra et al. [92] zeigen, dass diese Herangehensweise, einen Feststoff und eine Flüssigkeit auf einem gemeinsamen Gitter zu behandeln, bei moderaten Strömungsgeschwindigkeiten gute Ergebnisse liefert.

5.1.2 Erhaltungsgleichungen

Im Folgenden wird auf die Massen-, Impuls-, und Energieerhaltungsgleichungen einzeln einge-gangen. Besonderes Augenmerk wird auf eine korrekte Einbindung der temperaturabhängigen Stoffdaten in die Energieerhaltungsgleichung gelegt.

Massenerhaltung

Unter den im vorherigen Abschnitt genannten Annahmen ergibt sich folgende, für beide Phasen gültige Massenerhaltungsgleichung:

$$\frac{\partial \rho}{\partial t} + \nabla \cdot (\rho_l \vec{u}) = 0, \tag{5.3}$$

wobei die Dichte ρ eine Mischungsgröße aus dem festen und dem flüssigen Wert ist:

$$\rho = \alpha \rho_l + (1 - \alpha) \rho_s. \tag{5.4}$$

Dadurch dass die Dichte in Gleichung 5.3 im zeitlichen Term als Mischung definiert ist, kann eine Phase auf Kosten der anderen Masse gewinnen oder verlieren. Für beide Phasen zusam-mengenommen muss die Masse selbstverständlich erhalten bleiben.

Impulserhaltung

Die Strömung in der flüssigen Phase wird als laminar, newtonisch und inkompressibel ange-nommen. Die Dichte der flüssigen Phasen ist somit keine Funktion des Drucks, sondern nur eine Funktion der Temperatur ($\rho_l = \rho_l(T)$). Eine temperaturabhängige Dichte ist wichtig, um die natürliche Konvektion in der flüssigen Phase abzubilden. Mit diesen Annahmen ergibt sich der Spannungstensor der flüssigen Phase zu:

$$\underline{\underline{\tau}} = \eta \left((\nabla \vec{u} + \nabla (\vec{u})^T) - \frac{2}{3} (\nabla \cdot \vec{u}) \underline{\underline{E}} \right), \tag{5.5}$$

wobei η die Viskosität der flüssigen Phase ist, $\underline{\underline{E}}$ die Einheitsmatrix und das hochgestellte T für transponiert steht. Mit dem so definierten Spannungstensor und unter Berücksichtigung des Darcy-Quellterms $\vec{A}$ lautet die auf dem gesamten Rechengebiet gültige Impulserhaltungsglei-chung:

$$\frac{\partial \rho_l \vec{u}}{\partial t} + \nabla \cdot (\rho_l \vec{u} \vec{u}) = -\nabla p + \nabla \cdot \underline{\underline{\tau}} + \rho_l \vec{g} - \vec{A}. \tag{5.6}$$

Energieerhaltung

Die Druck- und Reibungsterme der allgemeinen Energieerhaltungsgleichung sind für die in
dieser Arbeit betrachteten Aufschmelzprozesse vernachlässigbar klein und werden daher nicht
berücksichtigt. Darüber hinaus wird angenommen, dass in jeder Zelle thermisches Gleichgewicht herrscht. Dies bedeutet, dass es keinen Temperaturgradienten innerhalb einer Zelle gibt.
Unter diesen und den am Anfang dieses Kapitels genannten Annahmen ergibt sich folgende
Energiegleichung in Enthalpieform:

$$\frac{\partial \rho h}{\partial t} + \nabla \cdot (\rho_l \vec{u} h_l) = \nabla \cdot (\lambda \nabla T), \tag{5.7}$$

mit der Wärmeleitfähigkeit λ als Mischungsgröße:

$$\lambda = \alpha \lambda_l + (1 - \alpha)\lambda_s. \tag{5.8}$$

Im Gegensatz zur Wärmeleitfähigkeit ist die Mischungsenthalpie nicht als volumen-, sondern als
dichtegemittelt definiert [93]. Dies wird ersichtlich, wenn die Gesamtenthalpie einer Mischungszelle betrachtet wird (Abb. 5.2):

$$H = \int_{V_l} \rho_l h_l dV + \int_{V_s} \rho_s h_s dV \approx \rho_l h_l V_l + \rho_s h_s V_s = \rho h V_{ges}. \tag{5.9}$$

Stellt man diese Gleichung um, dividiert durch das Gesamtvolumen der Zelle und benutzt die
Definitionen des Flüssigphasenanteils (Gl. 5.1) und der Mischungsdichte (Gl. 5.4), erhält man
eine Gleichung für die Mischungsenthalpie:

$$h = \frac{\alpha(\rho h)_l + (1 - \alpha)(\rho h)_s}{\rho}. \tag{5.10}$$

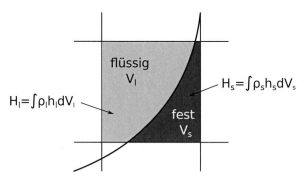

Abbildung 5.2: Die Enthalpie einer Mischungszelle ist die Summe aus der Enthalpie der flüssigen
und der festen Phase.

Die Energiegleichung (Gl. 5.7) alleine ist nicht lösbar, da sowohl die Temperatur als auch die Enthalpie auftreten, jedoch eine mathematische Beziehung zwischen diesen beiden Größen, d. h. eine Zustandsgleichung der Form $h = \mathcal{F}(T)$, fehlt. Diese fehlende Zustandsgleichung wird im Folgenden hergeleitet. Wir nehmen an, dass die Wärmekapazität in beiden Phasen eine lineare Funktion der Temperatur ist und setzen den Nullpunkt der Enthalpie auf den Schmelzpunkt. Somit ergibt sich die sensible Enthalpie der beiden Phasen i zu:

$$
\begin{aligned}
h_{sen,i} &= \int_{T_m}^{T} c_i(T')dT' \\
&= c_{i,0}(T - T_m) + \frac{c_{i,1}}{2}(T^2 - T_m^2) \\
&= c_i T - c_{i,m}T_m.
\end{aligned}
\tag{5.11}
$$

Mit den Gleichungen 5.10, 5.11 und der Annahme, dass die Enthalpie der flüssigen Phase in einen sensiblen und einen latenten Anteil aufgespalten werden kann, lautet der gesuchte Zusammenhang zwischen h und T:

$$
\begin{aligned}
h &= \frac{\alpha[(\rho h)_{sen,l} + \rho_l L] + (1 - \alpha)(\rho h)_{sen,s}}{\rho} \\
&= \frac{(\alpha \rho_l c_l T + (1 - \alpha)\rho_s c_s T))\,T - (\alpha \rho_l c_{l,m}T_m + (1 - \alpha)\rho_s c_{s,m}T_m))\,T_m + \alpha \rho_l L}{\rho} \\
&= \frac{\rho c T - \rho c_m T_m + \alpha \rho_l L}{\rho}.
\end{aligned}
\tag{5.12}
$$

Durch das Einsetzen dieser Zustandsgleichung in die Energiegleichung in Enthalpieform (Gl. 5.7) entsteht die Energiegleichung in Temperatur-Phasenanteilform:

$$
\frac{\partial \rho c T}{\partial t} + \nabla \cdot (\vec{u}\rho_l c_l T) = \nabla \cdot (\lambda \nabla T) - L\left(\frac{\partial \rho_l \alpha}{\partial t} + \nabla \cdot (\rho_l \vec{u})\right) + T_m\left(\frac{\partial \rho c_m}{\partial t} + \nabla \cdot (\vec{u}\rho_l c_{l,m})\right).
\tag{5.13}
$$

Für den in dieser Arbeit betrachteten isothermen Phasenwechsel ist der Zusammenhang zwischen der Temperatur und dem Flüssigphasenanteil gegeben durch:

$$
\alpha = \begin{cases}
0 & \text{für } T < T_m \\
0 < \alpha < 1 & \text{für } T = T_m \\
1 & \text{für } T > T_m.
\end{cases}
\tag{5.14}
$$

Der Phasenanteil α einer Zelle liegt also nur dann zwischen Null und Eins, wenn sich die Zelle auf der Schmelztemperatur befindet. Weiterhin enthält Gleichung 5.13 aufgrund der temperaturabhängigen Stoffdaten fast ausschließlich nichtlineare Terme. Von besonderer Bedeutung sind dabei diejenigen nichtlinearen Terme, welche die zeitliche Änderung der Enthalpie einer

Zelle widerspiegeln. Dies sind: $L\frac{\partial \rho_l \alpha}{\partial t}$, $\frac{\partial \rho c T}{\partial t}$ und $T_m \frac{\partial \rho c}{\partial t}$. Daher werden diese Terme im nächsten Abschnitt besonders behandelt.

5.2 Beschreibung und Optimierung des numerischen Lösungsprozesses

Die Basis des numerischen Lösungsprozesses bilden die Porositätsmethode zur Unterdrückung der Geschwindigkeit im Feststoff, der PISO-Algorithmus (engl. Pressure Implicit with Splitting of Operators) zum Lösen der Druck-Geschwindigkeits-Kopplung [94] und die Enthalpiemethode zur Berechnung des Phasenwechsels, d. h. der stark nichtlinearen Temperatur-Enthalpie-Kopplung. Der wesentliche Beitrag dieser Arbeit zur Weiterentwicklung des numerischen Lösungsprozesses liegt in der Entwicklung einer sehr effizienten und gleichzeitig stabilen Lösungsmethode für die Temperatur-Enthalpie-Kopplung.

5.2.1 Druck-Geschwindigkeits-Kopplung

In den Navier-Stokes-Gleichungen sind der Druck und die Geschwindigkeit linear gekoppelt. Eine Möglichkeit, diese Kopplung zu lösen, besteht in der gemeinsamen Lösung der Impuls- und der Massenerhaltungsgleichung. Die dafür eingesetzten Block-gekoppelten Matrixlöser benötigen allerdings viel Speicherplatz. Daher wurden in der Vergangenheit Methoden entwickelt, um die Druck-Geschwindigkeitskopplung sequentiell aufzulösen. Diese Methoden nehmen wesentlich weniger Speicherplatz in Anspruch. Die bekanntesten beiden sequentiellen Methoden sind der SIMPLE- und der PISO-Algorithmus.

Betrachtet man die Impuls- (Gl. 5.6) und die Kontinuitätsgleichung (Gl. 5.3), so fällt auf, dass keine eigenständige Druckgleichung existiert. Weder in der Kontinuitäts- noch in der Impulsgleichung ist der Druck die führende Variable. Für eine sequentielle Lösung der Druck-Geschwindigkeits-Kopplung wird jedoch eine eigenständige Druckgleichung benötigt. Daher wird aus der Impuls- und der Kontinuitätsgleichung eine Gleichung für den Druck erzeugt. Ausgangspunkt ist die mit dem Massenfluss φ_f des alten Zeitschritts linearisierte Impulsgleichung:

$$\frac{\partial \rho_l \vec{u}}{\partial t} + \nabla \cdot (\varphi_f \vec{u}) - \nabla \cdot \underline{\underline{\tau}} - \vec{A}(\alpha) = -\nabla \tilde{p} - \vec{g} \cdot \vec{x} \nabla \rho_l, \qquad (5.15)$$

mit

$$\varphi_f = (\rho_l \vec{u})_f^{alt} \cdot \vec{S}_f. \qquad (5.16)$$

Dabei ist $\vec{S}_f$ der Flächenvektor der Zellwand und $(\rho \vec{u})_f^{alt}$ der Massenfluss des alten Zeitschritts an dieser Zellwand. Es erfolgt keine Summation über f. Weiterhin ist $\tilde{p}$ der Druck ohne den hydrostatischen Anteil:

$$\tilde{p} = p - \rho_l \vec{g} \cdot \vec{x}, \tag{5.17}$$

wobei $\vec{x}$ der Ortsvektor ist. Diese Variablentransformation vereinfacht die Implementierung von Randbedingungen. Angelehnt an das Vorgehen von Rhie und Chow [95] werden die Druck- und Auftriebsterme zunächst nicht diskretisiert. Der Rest der Gleichung 5.15 wird diskretisiert und in Lösungsvektorform gebracht:

$$\underline{C}\vec{u} - \vec{r} = -\nabla\tilde{p} - \vec{g} \cdot \vec{x}\nabla\rho_l. \tag{5.18}$$

Die Koeffizienten der Matrix $\underline{C}$ beinhalten sowohl die räumliche als auch die zeitliche Diskretisierung der Impulsgleichung. Es ist möglich, Gleichung 5.18 nach der Geschwindigkeit $\vec{u}$ umzustellen. Allerdings ist die Invertierung einer Matrix eine sehr rechenzeitintensive Operation. Daher wird $\underline{C}$ zunächst in die Matrizen $\underline{A}$ und $\underline{H}$ aufgespalten:

$$\underline{A}\vec{u} + \underline{\underline{H}}\vec{u} - \vec{r} = -\nabla\tilde{p} - \vec{g} \cdot \vec{x}\nabla\rho_l. \tag{5.19}$$

Die Matrix $\underline{A}$ besteht aus den Diagonalelementen von $\underline{C}$, $\underline{H}$ aus den Nichtdiagonalelementen. Der Übersicht halber wird $\underline{\underline{H}}\vec{u} - \vec{r}$ zu $\vec{H}(\vec{u})$ zusammengefasst:

$$\underline{\underline{A}}\vec{u} + \vec{H}(\vec{u}) = -\nabla\tilde{p} - \vec{g} \cdot \vec{x}\nabla\rho_l. \tag{5.20}$$

Da $\underline{A}$ als Diagonalmatrix leicht invertierbar ist, erhält man durch einfaches Umstellen eine Gleichung für die Geschwindigkeit:

$$\vec{u} = -\underline{\underline{A}}^{-1}\vec{H}(\vec{u}) - \underline{A}^{-1}\nabla\tilde{p} - \underline{A}^{-1}\vec{g} \cdot \vec{x}\nabla\rho_l. \tag{5.21}$$

Interpoliert man diese Geschwindigkeit auf die Zellwände und setzt sie in die diskretisierte Kontinuitätsgleichung

$$\frac{\partial\rho}{\partial t} + \nabla \cdot (\rho_l\vec{u}) = \frac{\partial\rho}{\partial t} + \sum_f \vec{S}_f \cdot (\rho_l\vec{u})_f = 0 \tag{5.22}$$

ein, erhält man eine Gleichung für den Druck:

$$\frac{\partial\rho}{\partial t} + \sum_f (\rho_l(\underline{\underline{A}}^{-1}\vec{H}(\vec{u}) - \underline{\underline{A}}^{-1}\nabla\tilde{p} - \underline{\underline{A}}^{-1}\vec{g} \cdot \vec{x}\nabla\rho_l))_f = 0. \tag{5.23}$$

Wird bei der restlichen Diskretisierung dieser Gleichung eine lineare Interpolation für die Druck- und Dichteterme verwendet, zerfällt das algebraische Gleichungssystems in kleinere, entkoppelte Systeme. Dies führt zu einer schachbrettartigen Druckverteilung [81]. Um dies zu verhindern, werden die Druck- und Dichteterme mit einem kompakten Rechenstern diskretisiert (Abb. 5.3):

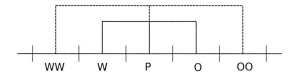

Abbildung 5.3: Eindimensionale Darstellung des Rechensterns des Laplace-Operators in Kompassnotation. Die durchgezogene Linie zeigt den kompakten Rechenstern. Der Rechenstern, der bei linearer Interpolation entsteht (gestrichelte Linie), bezieht die direkten Nachbarn nicht in die Berechnung mit ein.

$$\sum_f (-\rho_l \underline{\underline{A}}^{-1} \nabla \tilde{p})_f \cdot \vec{S}_f \approx \sum_f (-\rho_l \underline{\underline{A}}^{-1})_f (\nabla \tilde{p}_f) \cdot \vec{S}_f, \tag{5.24}$$

$$\sum_f (-\rho_l \underline{\underline{A}}^{-1} \vec{g} \cdot \vec{x} \nabla \rho_l)_f \cdot \vec{S}_f \approx \sum_f (-\rho_l \underline{\underline{A}}^{-1})_f (\vec{g} \cdot \vec{x})_f (\nabla \rho_l)_f \cdot \vec{S}_f, \tag{5.25}$$

mit

$$(\nabla \theta)_f \cdot \vec{S}_f = \frac{\theta_N - \theta_P}{|\vec{d}|} S_f, \tag{5.26}$$

wobei θ den Druck oder die Dichte repräsentiert. Damit entsteht folgende semi-diskretisierte Druckgleichung:

$$\sum_f (\rho_l \underline{\underline{A}})_f^{-1} (\nabla \tilde{p})_f \cdot \vec{S}_f = \frac{\partial \rho}{\partial t} + \sum_f \vec{S}_f \cdot \left(\rho_{l,f} (\underline{\underline{A}}^{-1} \vec{H}(\vec{u}))_f - (\rho_l \underline{\underline{A}}^{-1})_f (\vec{g} \cdot \vec{x})_f (\nabla \rho_l)_f \right). \tag{5.27}$$

Schreibt man die Gleichung in analytischer Form, sieht man, dass es sich um eine Poissongleichung für den Druck handelt. Durch Lösung dieser Gleichung wird das Druckfeld so eingestellt, dass die Massenflüsse an den Zellwänden konservativ sind. Dies ist allerdings nicht gleichbedeutend mit einem divergenzfreien Geschwindigkeitsfeld in den Zellzentren. Gleichung 5.27 ist die Basis des PISO-Algorithmus [94]. Im Folgenden bezeichnet das hochgestellte m entweder den alten Zeitschritt oder den alten Iterationsschritt. Das hochgestellte l zählt die Durchläufe der PISO-Schleife.

PISO-Algorithmus

Der PISO-Algorithmus besteht aus den folgenden Schritten (bei der ersten Iteration gilt $l = m$):
1. Impuls-Prädiktor:
$$\underline{\underline{C}}^m \vec{u}^{m,*} = \vec{r}^m - \nabla \tilde{p}^m - (\vec{g} \cdot \vec{x} \nabla \rho_l)^m \tag{5.28}$$

2. Aktualisierung der Matrixkoeffizienten:
$$(\underline{\underline{A}}^{-1})^m = \mathcal{F}(\phi^m) \tag{5.29}$$

$$\underline{\underline{H}}^m = \mathcal{F}(\phi^m) \tag{5.30}$$

3. Lösen der Druckgleichung:

$$\Delta((\rho_l \underline{\underline{A}}^{-1})_f^m \tilde{p}^{l+1}) = \frac{\partial \rho}{\partial t}^m + \nabla \cdot \left(\rho_{l,f}^m ((\underline{\underline{A}}^{-1})^m \vec{H}(\vec{u}^l))_f - ((\rho_l \underline{\underline{A}}^{-1})_f (\vec{g} \cdot \vec{x})_f (\nabla \rho_l)_f)^m \right) \tag{5.31}$$

$$\vec{H}(\vec{u}^l)) = \vec{r}^m - \underline{\underline{H}}^m \vec{u}^l \tag{5.32}$$

4. Berechnung der konservativen Massenflüsse:

$$\varphi_f^{l+1} = \rho_{l,f}^m ((\underline{\underline{A}}^{-1})^m \vec{H}(\vec{u}^l))_f \cdot \vec{S}_f - ((\rho_l A^{-1})_f (\vec{g} \cdot \vec{x})_f (\nabla \rho_l)_f)^m \cdot \vec{S}_f - (\rho_l \underline{\underline{A}}^{-1})_f^m \nabla \tilde{p}^{(l+1)} \tag{5.33}$$

5. Geschwindigkeitskorrektur:

$$\vec{u}^{l+1} = (\underline{\underline{A}}^{-1})^m \vec{H}(\vec{u}^l) - (\underline{\underline{A}}^{-1})^m \nabla \tilde{p}^{(l+1)} - (\underline{\underline{A}}^{-1} \vec{g} \cdot \vec{x} \nabla \rho_l)^m \tag{5.34}$$

6. Zurück zu Schritt 3, falls das Residuum oder die maximale Anzahl an Iterationen noch nicht erreicht wurde.

Für die Geschwindigkeitskorrektur muss kein lineares Gleichungssystem gelöst werden, da die linke und die rechte Seite zu unterschiedlichen Iterationsschritten ausgewertet werden (operator splitting). Das bedeutet, dass die Geschwindigkeit nur durch den Druckterm $-(\underline{\underline{A}}^{-1})^m \nabla \tilde{p}^{(l+1)}$ korrigiert wird. Um den Einfluss des Geschwindigkeitsterms $(\underline{\underline{A}}^{-1})^m \vec{H}(\vec{u}^l)$ zu berücksichtigen, muss die PISO-Schleife mindestens zweimal durchlaufen werden [96]. Der Auftriebsterm $(\underline{\underline{A}}^{-1} \vec{g} \cdot \vec{x} \nabla \rho_l)^m$ wird mit den äußeren Iterationen aktualisiert. Weiterhin werden die Matrizen $\underline{\underline{H}}$ und $\underline{\underline{A}}^{-1}$ nicht innerhalb einer Korrekturschleife aktualisiert, sondern mit der äußeren Schleife, obwohl sie vom Massenfluss des letzten Zeitschritts abhängen. Der Grund dafür ist die Annahme, dass die Druck-Geschwindigkeits-Kopplung wichtiger ist als die Nichtlinearität des Konvektionsterms [97]. Eine Voraussetzung dafür, dass diese Annahme gerechtfertigt ist, sind kleine Zeitschrittweiten [80].

5.2.2 Temperatur-Enthalpie-Kopplung

Beim Durchlaufen eines isothermen Fest-flüssig-Phasenübergangs ändert sich die Enthalpie des Materials schlagartig. Es ist daher nicht verwunderlich, dass die größte Schwierigkeit bei der Entwicklung eines Lösungsalgorithmus zur Simulation von Fest-flüssig-Phasenwechseln auf raumfesten Gittern in der stark nichtlinearen Abhängigkeit der Enthalpie von der Temperatur besteht.

In der Vergangenheit wurde die Temperatur-Enthalpie-Kopplung meist mit langsam konvergierenden Methoden gelöst. In ersten eigenen Untersuchungen [50] hat sich jedoch gezeigt, dass ein

Lösungsverfahren, das die wichtigsten nichtlinearen Terme der Energiegleichung per abgebrochener Taylorreihe linearisiert, die benötigten Iterationen im Vergleich zur oftmals eingesetzten Quelltermmethode auf bis zu ein Zehntel reduziert (Abb. 5.4). Dies wiederum bedeutet, dass die Simulationszeit auf ein Fünftel sinkt. Diese erhebliche Rechenzeitverringerung hilft, die große Menge an Simulationen, die für die kombinierte Unsicherheits- und Sensitivitätsanalyse benötigt werden, in akzeptabler Zeit durchzuführen. Das in der Vorarbeit entwickelte Verfahren beruht allerdings auf der Enthalpie-Temperatur-Formulierung der Energiegleichung. Dies bedeutet, dass sowohl der feste als auch der flüssige Anteil des Enthalpie konvektiv transportiert wird [33]. Ein Vorteil dieser Formulierung ist, dass damit auch Fest-flüssig-Phasenwechsel mit frei beweglichem Feststoff gelöst werden können. Der Nachteil dieser Formulierung ist jedoch eine erhöhte numerische Diffusion an der Phasengrenze.

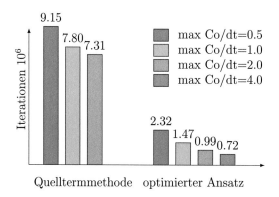

Abbildung 5.4: Vergleich der benötigten Iterationen zum Lösen der Temperatur-Enthalpie-Kopplung beim Aufschmelzen von Octadecan zwischen der Quelltermmethode und einem optimierten Ansatz, bei welchem die nichtlinearen Terme per Taylorreihe linearisiert werden. Aus Faden et al. [50].

Linearisierte Quelltermmethode

In dieser Arbeit wird daher ein neues Verfahren eingeführt, welches die Konvergenzeigenschaften der linearisierten Methode mit der geringen numerischen Diffusion einer Phasenanteil-Temperatur-Formulierung der Energiegleichung kombiniert. Dabei baut das neue Verfahren auf Arbeiten von Swaminathan und Voller [30] und Faden et al. [50] auf. Zusätzlich werden alle Stoffdaten temperaturabhängig implementiert.

Der erste Schritt der neuen Methode besteht darin, Gleichung 5.13 mit dem impliziten Eulerverfahren zeitlich zu diskretisieren, wobei der Massenfluss als bekannt angenommen wird. Er ergibt sich entweder aus dem alten Zeitschritt oder dem alten Iterationsschritt. Darüber hinaus werden die diffusiven und konvektiven Transportterme durch die Verwendung von Stoffdaten des alten Iterationsschritts k linearisiert. Somit entsteht folgende semi-diskretisierte Form der Energiegleichung:

$$\frac{(\rho c T)^{k+1,*} - (\rho c T)^{alt}}{\Delta t} + \nabla \cdot \left((\rho_l \vec{u})^m c_l^k T^{k+1,*}\right) = \nabla \cdot \left(\lambda^k \nabla T^{k+1,*}\right)$$
$$-L\left(\frac{(\rho_l \alpha)^{k+1,*} - (\rho_l \alpha)^{alt}}{\Delta t}\right) + T_m \left(\frac{(\rho c_m)^{k+1,*} - (\rho c_m)^{alt}}{\Delta t} + \nabla \cdot \left((\rho_l \vec{u})^m c_{l,m}^k\right)\right). \tag{5.35}$$

Das hochgestellte alt zeigt Werte des alten Zeitschritts an, das hochgestellte m den Massenstrom aus dem PISO-Schritt und Δt ist die Zeitschrittweite. Nach den Termen mit hochgestelltem $k+1, *$ soll gelöst werden. Dazu müssen die Terme allerdings linear in der Temperatur $T^{k+1,*}$ sein. Die verbliebenen nichtlinearen Terme $(\rho c T)^{k+1,*}$, $(\rho_l \alpha)^{k+1,*}$ und $(\rho c_m)^{k+1,*}$ werden daher innerhalb eines Iterationsschrittes k per abgebrochener Taylorreihe entwickelt:

$$\phi^{k+1} = \phi^k + \frac{d\phi}{dT}\bigg|_k (T^{k+1,*} - T^k). \tag{5.36}$$

Dabei steht ϕ für den jeweiligen nichtlinearen Term und das tiefgestellte k bedeutet, dass die Ableitung am Iterationsschritt k berechnet wird. Bei den Taylor-Entwicklungen der drei oben genannten Terme tritt die Ableitung des Phasenanteils nach der Temperatur $\frac{d\alpha}{dT}$ auf. Diese Ableitung ist für Zellen im Schmelzbereich unendlich und wird im Lösungsalgorithmus durch eine fiktive Ableitung mit einem sehr hohen Wert, z. B. $10^3 \frac{1}{K}$, ersetzt. Eine Folge dieses sehr hohen Wertes ist, dass sich eine Zelle im Schmelzbereich bei einer Energiezufuhr nur sehr gering erwärmt.

Das Einsetzen der drei entwickelten Terme in die semi-diskretisierte Energiegleichung führt zu einer in der Temperatur $T^{k+1,*}$ linearen Gleichung:

$$\frac{(\rho c T)^k - (\rho c T)^{alt}}{\Delta t} + \frac{d\rho c T}{dT}\bigg|_k \frac{T^{k+1,*} - T^k}{\Delta t} + \nabla \cdot \left((\rho_l \vec{u})^m c_l^k T^{k+1,*}\right)$$
$$= \nabla \cdot \left(\lambda^k \nabla T^{k+1,*}\right) - L\left(\frac{\rho_l^k \alpha^k - \rho_l^{alt} \alpha^{alt}}{\Delta t} + \rho_l^k \frac{d\alpha}{dT}\bigg|_k \frac{T^{k+1,*} - T^k}{\Delta t} + \nabla \cdot \left(\rho_l^k \vec{u}^k\right)\right) \tag{5.37}$$
$$+ T_m \left(\frac{(\rho c_m)^k - (\rho c_m)^{alt}}{\Delta t} + \frac{d\rho c_m}{dT}\bigg|_k \frac{T^{k+1,*} - T^k}{\Delta t} + \nabla \cdot \left((\rho_l \vec{u})^m c_{l,m}^k\right)\right).$$

Aufgrund der Linearität der Gleichung entsteht nach der räumlichen Diskretisierung ein lineares Gleichungssystem, welches einfach lösbar ist. Nach der Lösung des linearen Gleichungssystems ist die Temperatur $T^{k+1,*}$ bekannt und kann dazu benutzt werden, den Phasenanteil zu aktualisieren. Springt eine Zelle in den Übergangsbereich, so wird angenommen, dass die gesamte sensible Enthalpie, die über der Schmelztemperatur liegt, in latente Enthalpie umgewandelt wird. Befindet sich die Zelle dagegen im Schmelzbereich, wird der neue Phasenanteil nach Gleichung 5.36 berechnet. Zieht man beide Fälle in Betracht, ergibt sich die Berechnungsvorschrift für den Phasenanteil zu:

$$\alpha^{k+1,*} = \begin{cases} \alpha^k + \frac{d\alpha}{dT}\Big|_k (T^{k+1,*} - T^k) & \text{für } 0 < \alpha < 1 \\ \alpha^k + \left(\frac{\rho c}{\rho_l L}\right)^k (T^{k+1,*} - T_m) & \text{sonst.} \end{cases} \tag{5.38}$$

Weiterhin wird der neu berechnete Phasenanteil korrigiert, damit er zwischen Null und Eins begrenzt bleibt:

$$\alpha^{k+1} = \min[\max[\alpha^{k+1,*}, 0], 1]. \tag{5.39}$$

Nach der Berechnung des Phasenanteils ist die Temperatur in einer Rechenzelle nicht mehr konsistent zum Phasenanteil bzw. der Enthalpie, daher wird die Temperatur in Zellen mit einem Phasenanteil zwischen Null und Eins auf die Schmelztemperatur gesetzt. Die Temperatur wird also zurück auf die Temperatur-Enthalpie-Kurve projiziert. Bildlich gesprochen verhindert dies ein „Überspringen" des Phasenwechsels.

Die temperaturabhängigen Stoffdaten sind bis auf die Viskosität als Polynome eingebunden. Zur Beschreibung der funktionellen Abhängigkeit der Viskosität von der Temperatur eignet sich eine Exponentialfunktion deutlich besser. Die Stoffdaten werden in jeder Iteration nach dem Projektionsschritt der Temperatur auf ihren neuen Wert gesetzt. Die Ausnahme bildet hier erneut die Viskosität. Da diese in der Energiegleichung nicht vorkommt, genügt es, sie nach der Lösung der Temperatur-Enthalpie-Kopplung zu aktualisieren. Zum Abschluss einer Iteration wird das Residuum des Flüssigphasenanteils berechnet:

$$\alpha_{Res} = \max |\alpha^{k+1} - \alpha^k|. \tag{5.40}$$

Das gesamte Verfahren wird solange wiederholt, bis das vorgegebene Residuum oder die maximale Anzahl an Iterationen erreicht wurde. Sobald Konvergenz erreicht wurde, gilt $T^{k+1,*} = T^k$ und die zusätzlichen Terme in Gleichung 5.37 sind null. Weiterhin wird dadurch der Wert der fiktiven Ableitung irrelevant. Abbildung 5.5 zeigt eine grafische Darstellung des Lösungsalgorithmus im $\rho h - T$ Diagramm.

Energiebilanz

Im Grundlagenteil dieser Arbeit wurde dargelegt, dass die Finite-Volumen-Methode die konservativen Eigenschaften der Erhaltungsgleichungen auch nach der Diskretisierung beibehält, da die diffusiven und konvektiven Flüsse aus einer Zelle stets in eine benachbarte Zelle fließen. Dies gilt natürlich weiterhin. Trotzdem kann die Energieerhaltung verletzt werden. Der Grund dafür ist die Nichtlinearität des zeitlichen Änderungsterms der Energiegleichung (Gl. 5.7). Diese spiegelt sich als Quellterm in der Phasenanteil-Temperatur-Formulierung der Energieerhaltungsgleichung (Gl. 5.13) wider. Um Fehler bei der Energieerhaltung auszuschließen, wird mithilfe

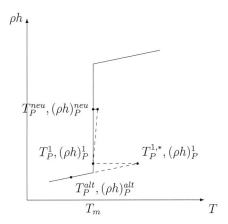

Abbildung 5.5: Visualisierung der linearisierten Quelltermmethode zur Lösung der Temperatur-Enthalpie-Kopplung unter Berücksichtigung einer variablen Dichte. Gezeigt sind die einzelnen Iterationsschritte innerhalb einer Zelle.

einer Energiebilanz geprüft, ob die in die Kapsel eingebrachte Wärme der in der Kapsel gespeicherten Enthalpie entspricht. Die gesamte in der Kapsel gespeicherte Enthalpie erhält man durch Aufsummierung der Enthalpie der einzelnen Zellen:

$$H_{ges} = \int_V (\rho h - (\rho h)_0) \mathrm{d}V \approx \sum_i (\rho h)_i V_i - H_0, \qquad (5.41)$$

wobei der Index i für eine Zelle des Rechengebietes steht und H_0 die Enthalpie des Bezugspunktes darstellt. Für die Berechnung der in die Kapsel eingebrachten Wärme müssen der diffusive und der konvektive Wärmestrom über den Rand des Simulationsgebietes bekannt sein. Der durch die Behälterwand fließende diffusive Wärmestrom wird über das Fouriersche Wärmeleitungsgesetz berechnet:

$$\dot{Q}_{diff} = - \int_S \lambda \nabla T \cdot d\vec{S}. \qquad (5.42)$$

Der konvektive Wärmestrom umfasst sowohl den latenten als auch den sensiblen Teil der strömenden Enthalpie und ist nur am Auslass ungleich null. Seine Berechnungsvorschrift lautet:

$$\dot{Q}_{konv} = \int_S \rho_l h_l \vec{u} \cdot d\vec{S}. \qquad (5.43)$$

Für die numerische Berechnung des Gesamtwärmestroms werden die Integrale der beiden Gleichungen per Mittelpunktsregel diskretisiert und über alle Randflächen des Simulationsgebiets

b aufsummiert:

$$\dot{Q}_{ges} = \sum_b \left(\dot{Q}_{diff,b} + \dot{Q}_{konv,b} \right) = \sum_b \left(\lambda_b S_b \frac{\partial T}{\partial |\vec{n}|} \bigg|_b + (\vec{u} \cdot \vec{n} \rho_l)_b h_{l,b} S_b \right), \qquad (5.44)$$

wobei S_b den Betrag der Randfläche b bezeichnet. Die gesamte während der Simulation eingebrachte Wärmemenge wird über eine Summation des Produkts aus dem Gesamtwärmestrom
und des Zeitschritts berechnet:

$$Q_{ges} = \sum_i \dot{Q}_{ges,i} \Delta t_i. \qquad (5.45)$$

Der Index i läuft dabei über alle Zeitschritte. Eine notwendige Bedingung für eine physikalisch
korrekte Simulation ist, dass die eingebrachte Wärmemenge der in der Kapsel gespeicherten
Enthalpie entspricht:

$$H_{ges} = Q_{ges}. \qquad (5.46)$$

5.3 Testfall

Wie bereits in der Diskussion des Stands der Forschung und Entwicklung erwähnt, bietet eine
quaderförmige Geometrie einige Vorteile gegenüber anderen einfachen Geometrien wie Kugeln
oder Zylindern. Aus numerischer Sicht ist dies vor allem die einfache orthogonale Vernetzung.
Außerdem sind quaderförmige Geometrien bei der Validierung numerischer Modelle zur Simulation von Fest-flüssig-Phasenwechseln sehr verbreitet. Aus diesen Gründen wird auch in dieser
Arbeit eine quaderförmige Geometrie als Testfall verwendet. Weiterhin wird angenommen, dass
die physikalischen Vorgänge in der Kapsel zweidimensional abgebildet werden können. Das Simulationsgebiet ist somit ein quadratischer Hohlraum. Die Kantenlänge des Quadrats beträgt
40 mm. Aufgrund der Volumenausdehnung des PCM benötigt der Hohlraum einen Auslass.
Dieser ist an der linken oberen Ecke des Hohlraums angebracht. Eine Skizze des Simulationsgebietes ist in Abbildung 5.6 gezeigt.
Zu Beginn der Simulation liegt die Temperatur des vollständige erstarrten PCM 10 K unter dessen Schmelztemperatur. Sobald die Simulation beginnt, wird die Temperatur der linken Wand
schlagartig auf eine Temperatur von 10 K über dem Schmelzpunkt erhöht. Die rechte Wand
bleibt auf der niedrigen Temperatur. Die obere und die untere Wand werden als adiabat angenommen.
Als Randbedingung für die Geschwindigkeit wird überall außer am Auslass die Haftbedingung
vorgegeben. Am Auslass wird die Geschwindigkeit über die Annahme einer inkompressiblen
Strömung berechnet $\rho_l = \rho_l(T)$. Nach jeder Lösung der Temperatur-Enthalpie-Kopplung wird
die Masse des in der Kapsel vorhandenen PCM durch Aufsummierung des Produkts aus Dichte

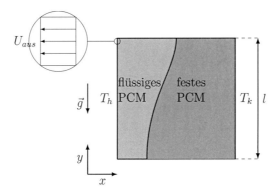

Abbildung 5.6: Skizze des in dieser Arbeit verwendeten Simulationsgebietes.

und Volumen der einzelnen Zellen i bestimmt:

$$m = \sum_i \rho_i V_i. \tag{5.47}$$

Die so berechnete Masse des PCM wird von der am Anfang des Zeitschritts vorhandenen Masse abgezogen. Aufgrund der Annahme einer inkompressiblen Strömung muss diese Massendifferenz in diesem Zeitschritt aus der Kapsel fließen. Unter der Annahme einer räumlich konstanten Strömungsgeschwindigkeit am Auslass folgt:

$$\frac{m - m^{alt}}{\Delta t} = (U \rho S)_{aus}. \tag{5.48}$$

Umgestellt ergibt sich aus dieser Gleichung eine Berechnungsvorschrift für die Geschwindigkeit am Auslass:

$$U_{aus} = \frac{m^{alt} - m}{\Delta t (\rho S)_{aus}}. \tag{5.49}$$

Als Randbedingung für den modifizierten Druck wird ein verschwindender Gradient in Normalenrichtung vorgegeben. Diese Kombination aus vorgegebener Geschwindigkeit und verschwindendem Druckgradienten als Auslassbedingung ist nötig, da die sonst oftmals als Auslassrandbedingung angenommene Kombination aus verschwindendem Geschwindigkeitsgradienten und Vorgabe eines Drucks eine voll entwickelte Strömung voraussetzt. Dies ist hier nicht der Fall und dementsprechend entwickelt sich eine Rückströmung, wenn ein verschwindender Geschwindigkeitsgradient und ein Druckwert als Auslassrandbedingung verwendet werden.

Zum Abschluss des Kapitels wird kurz auf die in dieser Arbeit verwendeten Diskretisierungs- und Interpolationsschemata sowie die numerischen Einstellungen eingegangen. Diese werden im Hinblick auf die Sensitivitätsanalyse so ausgewählt, dass die Simulation für einen weiten Bereich der Eingangsparameter stabil ist und gute Ergebnisse liefert. Die zeitliche Diskretisierung erfolgt mit dem impliziten Euler-Verfahren. Die Zeitschrittweite wird aus einer maximalen Courant-Zahl von 0,75 berechnet, solange der maximale vorgegebene Zeitschritt von 0,075 s nicht überschritten wird. Die räumliche Diskretisierung ist zweiter Ordnung. Als Interpolationsschema wird für alle Terme bis auf den Konvektionsterm die lineare Interpolation verwendet. Hier wird für den Konvektionsterm der Geschwindigkeit die lineare Aufwindinterpolation und für die restliche Terme das van-Leer-Schema verwendet. Das vorgegebene Residuum des Flüssigphasenanteil beträgt 10^{-7}. Es werden stets mindestens vier Iterationen der Temperatur-Enthalpie-Kopplung ausgeführt. Die maximale Iterationsanzahl beträgt 30. In den allermeisten Zeitschritten reichen die als Minimum vorgegebenen vier Iterationen aus, um das vorgegebene Residuum zu erfüllen. Der PISO-Algorithmus wird zweimal durchlaufen. Weiterhin hat sich herausgestellt, dass der Impuls-Prädiktor die Konvergenzrate nicht erhöht. Daher wird der PISO-Algorithmus ohne den Impuls-Prädiktor ausgeführt. Die Kopplung zwischen der Temperatur-Enthalpie-Kopplung und der Druck-Geschwindigkeits-Kopplung wird durch drei äußere Iterationen aufgelöst. Aufgrund der temperaturabhängigen Dichte ist diese Kopplung deutlich stärker als bei Modellen, welche die Boussinesq-Approximation mit einer konstanten Dichte verwenden.

Ein Ablaufplan, der den in diesem Abschnitt beschriebenen numerischen Lösungsprozess visualisiert, ist in Abbildung 5.7 gezeigt.

Abbildung 5.7: Ablauf des numerischen Lösungsprozesses innerhalb eines Zeitschritts.

6 Konzeption und Durchführung von Validierungsexperimenten

Validierungsexperimente spielen eine entscheidende Rolle für die Erhöhung der Vorhersagegenauigkeit numerischer Modelle. Aufgrund fehlender analytischer Lösungen sind sie die einzige Möglichkeit, diese oftmals sehr komplexen Modelle zu validieren. Nur durch den Vergleich eines Modells mit der Realität, die es abzubilden versucht, ist eine sinnvolle Weiterentwicklung des Modells möglich. Die in der Literatur vorhandenen Daten zur Validierung numerischer Modelle zur Simulation von Fest-flüssig-Phasenwechseln sind für die in dieser Arbeit durchgeführte detaillierte Untersuchung unzureichend. Daher wird zur Validierung des im vorangegangenen Abschnitts vorgestellten numerischen Modells ein eigener Versuchsstand konzipiert und aufgebaut. Ziel des Versuchsaufbaus ist die experimentelle Bestimmung des Wärmestroms, des Geschwindigkeitsfelds in der flüssigen Phase, der Temperaturen im Inneren des PCM und der Position der Phasengrenze während des Aufschmelzens eines PCM.

Das Kapitel ist wie folgt gegliedert: Zunächst werden der Versuchsstand und die Überlegungen, die zu diesem geführt haben, erläutert. Anschließend wird der Ablauf der durchgeführten Validierungsexperimente beschrieben. Zum Abschluss des Kapitels erfolgt eine Betrachtung systematischer Messabweichungen.

6.1 Versuchsaufbau

Ein Versuchsstand zur Validierung eines numerischen Modells sollte das angewandte Simulationsgebiet bestmöglich repräsentieren, sowohl geometrisch als auch in Bezug auf die Rand- und Anfangsbedingungen. In diesem Fall bedeutet dies, dass eine gleichmäßige Temperatur der warmen und kalten Wand gewährleistet sein muss, wobei die warme Wand zu Versuchsbeginn schnellstmöglich auf die höhere Temperatur gebracht werden sollte. Darüber hinaus wird eine Minimierung der Wärmeverluste über die in der Simulation als adiabat angenommenen Wände angestrebt. Im numerischen Modell wurde die Annahme einer zweidimensionalen Strömung getroffen. Es ist zwar nicht möglich, dies experimentell umzusetzen, jedoch kann der Einfluss der Vorder- und Rückwand durch einen großen Abstand zwischen ihnen minimiert werden. Zusätzlich erhöht ein großer Abstand zwischen der Vorder- und Rückwand das

Verhältnis von Kapselvolumen zu Kapseloberfläche. Dadurch verringert sich der relative Anteil der Wärmeverluste über die Seitenwände am Gesamtwärmeverlust.

Eine weitere Herausforderung besteht darin, diejenigen Messtechniken auszuwählen, die unter der gewünschten Genauigkeit den geringsten Einfluss auf den Verlauf des Experiments haben. Hier bieten sich optische Messtechniken zur Bestimmung des Phasengrenze und des Geschwindigkeitsfelds in der flüssigen Phasen an. So ermöglicht die Particle Image Velocimetry (PIV) die nichtinvasive Bestimmung eines zweidimensionalen Geschwindigkeitsfelds. Eine geringe Strömungsbeeinflussung durch die Temperaturmessung kann mithilfe sehr dünner Thermoelemente erreicht werden.

Als PCM wird das Paraffin Octadecan verwendet, welches gegenüber anderen PCM folgende Vorteile aufweist. Es hat eine transparente flüssige Phase und ermöglicht daher optische Untersuchungen. Weiterhin werden die Wärmeverluste zur Umgebung durch einen Schmelzpunkt nahe der Umgebungstemperatur minimiert ($T_m \approx 28\,°C$). Wichtig ist auch, dass die Stoffdaten für ein PCM sehr gut bekannt sind. Es ist daher nicht zu erwarten, dass die Unsicherheiten in der numerischen Simulation von Fest-flüssig-Phasenwechseln, welche durch die Stoffdaten entsteht, bei anderen PCM – insbesondere bei anderen Paraffinen – geringer sind. Octadecan kann somit als Referenzmaterial angesehen werden und die Ergebnisse der in dieser Arbeit durchgeführten Modellanalyse stellen die im Moment vorhandene geringste Unsicherheit bei der Simulation von Fest-flüssig-Phasenwechseln dar. Eine Ausnahme stellt Wasser dar. Hier ist zu erwarten, dass die Unsicherheiten durch die Stoffdaten geringer sind. Es ist allerdings höchst unwahrscheinlich, dass in näherer Zukunft die Stoffdaten der heutzutage als PCM in Frage kommenden Materialklassen so genau bekannt sind wie diejenigen von Wasser.

6.1.1 Versuchskapsel

Das Herzstück des experimentellen Aufbaus ist eine mit PCM gefüllte Versuchskapsel, welche aus zwei Kupferplatten und einem dazwischen geklebten transparenten Vierkantrohr aus Plexiglas besteht (Abb. 6.1). Die Transparenz des Plexiglases gewährleistet die für die PIV-Messungen benötigte optische Zugänglichkeit des Versuchsraums. Darüber hinaus stellt die quaderförmige Geometrie des Vierkantrohrs sicher, dass die aufgenommenen Bilder nicht durch Lichtbrechung an der Wand verzerrt werden. Kupfer wurde als Material für die Seitenwände der Versuchskapsel gewählt, da es eine sehr hohe Wärmeleitfähigkeit besitzt und somit eine nahezu homogene Wandtemperatur erreicht werden kann [17, 53]. Weiterhin hat die Kupferplatte, die während des Versuchs beheizt wird, über beinahe die gesamte Tiefe des Vierkantrohres einen 1 mm dicken Öffnungsschlitz und ein daran anschließendes kleines Überlaufreservoir. Dies dient zum einen dazu, die Befüllung zu erleichtern, zum anderen wird damit der Volumenausdehnung des PCM Rechnung getragen. Die geometrischen Größen der Versuchskapsel sind wie folgt: die Kupferplatten sind 60 mm hoch, 5 mm breit und 100 mm tief. Das Vierkantrohr hat im Inne-

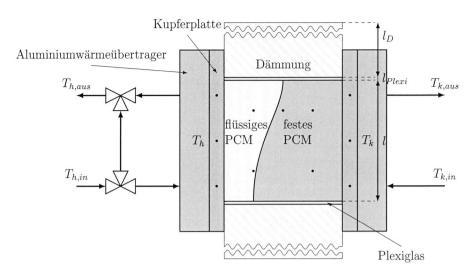

Abbildung 6.1: Schematische Darstellung der Versuchskapsel. Die Positionen der Thermoelemente sind als gefüllte Kreise dargestellt (je drei in den Kupferplatten und fünf
im PCM).

ren eine Kantenlänge von 40 mm, ist 80 mm tief und hat eine Wandstärke von 0,75 mm. Die
Wandstärke wurde so niedrig gewählt, um den Wärmestrom, der von der warmen Platte durch
das Plexiglas ins PCM fließt, zu minimieren. Die Abdichtung der Versuchskapsel erfolgt durch
das Auftragen von verdünntem Silikon. Während des Versuchs wird das Vierkantrohr durch
eine 40 mm dicke Schaumstoffschicht gedämmt. Der Schaumstoff besteht aus geschäumten Po-
lyurethan und hat eine Wärmeleitfähigkeit von etwa 0,03 W/(mK) [98].

Die Temperierung der Kupferplatten erfolgt über Aluminiumwärmeübertrager, welche von
Wärmeträgerfluid durchströmt werden. Zur Durchströmung werden zwei Thermostate mit inter-
nem Becken verwendet (Huber Ministat 230 und Lauda RK 8 KP). Zwischen den Kupferplatten
und den Aluminiumwärmeübertragern befinden sich Wärmestromsensoren. Diese sind von einer dünnen Schicht Wärmeleitpaste umgeben, um den Wärmeübergang zwischen Kupferplatte
und Sensor sowie zwischen Aluminiumwärmeübertrager und Sensor zu erhöhen. Die beiden
Wärmestromsensoren wurden direkt vom Hersteller kalibriert und haben eine Empfindlichkeit
von 42,3 (warme Seite) und 42,0 µV/(W/m²) (kalte Seite).

Insgesamt befinden sich in der Versuchskapsel elf Thermoelemente vom Typ K. Davon befinden
sich je drei in der warmen und der kalten Kupferplatte. Der Durchmesser dieser Thermoelemente beträgt 1,5 mm, wobei die Sensorbohrungen in den Kupferplatten 20 mm tief sind. Damit ist
das Verhältnis von Durchmesser zu Tiefe deutlich kleiner als 0,2, so dass nach Bernhard [99]
der Wärmeableitfehler vernachlässigbar ist. Die restlichen fünf Thermoelemente sind im Inneren
der Versuchskapsel auf zwei verschiedenen Ebenen angebracht (siehe Tabelle 6.1). Diese Ther-

moelemente haben einen Durchmesser von nur 0,25 mm, um den Aufschmelzvorgang möglichst wenig zu beeinflussen. Die Positionierung der im Inneren eingebrachten Thermoelemente erfolgt über in der Rückwand der Kapsel eingeklebte Durchführungen, wobei der Abstand der Thermoelementspitzen zur Rückwand 10 mm beträgt. Aufgrund der sehr dünnen Thermoelemente und der daraus resultierenden geringen mechanischen Stabilität wird die Positionsabweichung der Thermoelemente im Inneren der Kapsel auf 0,5 mm geschätzt.

Tabelle 6.1: Positionen und Namen der im PCM eingebrachten Thermoelemente. Der Ursprung des Koordinatensystems ist die linke untere Ecke des Versuchsraums.

Thermoelement	x-Koordinate	y-Koordinate
T_{u1}	10 mm	10 mm
T_{u2}	30 mm	10 mm
T_{o1}	10 mm	30 mm
T_{o2}	20 mm	30 mm
T_{o3}	30 mm	30 mm

Zu Versuchsbeginn soll die heiße Platte schnellstmöglich auf die erwünschte Temperatur erwärmt werden. Dies ist nur möglich, wenn das Wärmeträgerfluid eine Temperatur über der Solltemperatur der Platte hat. Daher hat der Wasserkreislauf der warmen Seite einen Bypass, der es ermöglicht, das Wasser im Thermostat bei laufender Pumpe zu erwärmen, ohne dass die Kupferplatte durchströmt wird. Ob der Bypass oder die Kupferplatte durchströmt wird, wird durch die Stellung von zwei Magnetventilen bestimmt.

6.1.2 Optischer Aufbau

Der optische Aufbau ermöglicht die nichtinvasive Bestimmung des Flüssigphasenanteils, der Phasengrenze und des Strömungsfelds (Abb. 6.2). Er besteht aus einer Kamera, einem Laser, der einen grünen Strahl mit geringer Leistung (532 nm, <100 mW) emittiert, einer Blende, zwei Spiegeln, mehreren Linsen und einem Farbfilter. Alle diese Komponenten sind fest auf einer Lochplatte verschraubt und sind hinsichtlich der Position der Versuchskapsel ausgerichtet. Die Aufgabe der Linsen ist es, aus dem Laserstrahl ein dünnes, möglichst homogenes Lichtblatt zu erzeugen. Dazu weitet eine zylindrische Linse den Laserstrahl zu einem divergierenden Lichtblatt auf. Die darauffolgende Linse ist ebenfalls zylindrisch und stoppt die Aufweitung. Eine dritte zylindrische Linse fokussiert das Lichtblatt, bevor es über einen geneigten Spiegel in das flüssige PCM eingebracht wird und die Partikel beleuchtet. Das Lichtblatt ist so ausgerichtet, dass es parallel zur Frontscheibe ist, wobei der Abstand 10 mm beträgt. Der Farbfilter vor der Kamera ist ein Langpassfilter und ist durchlässig für Strahlung über 575 nm. Als Kamera kommt eine Panasonic LumixG DMC-GH5 zum Einsatz. Der mittlere Bildabstand dieser Kamera beträgt 97,8 ms. Um ein gutes Signal-Rausch-Verhältnis zu erreichen, wird bei einer

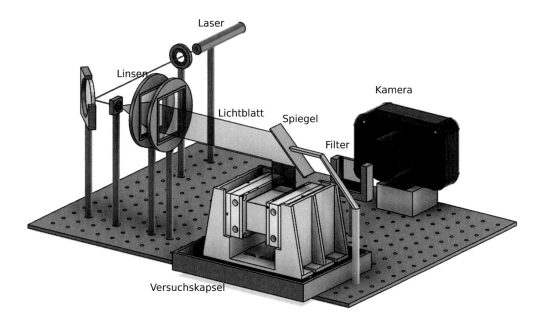

Abbildung 6.2: CAD-Darstellung des experimentellen Aufbaus.

Belichtungszeit von 1/40 s ein ISO-Wert von 400 verwendet.

In Vorarbeiten hat sich gezeigt, dass bei der Verwendung von hohlen Glaskugeln als Tracer-Partikel die Reflexionen der Phasengrenze heller leuchten als die Partikel selbst. Somit war es nicht möglich, das Geschwindigkeitsfeld nahe der Phasengrenze zu bestimmen. Daher werden in dieser Arbeit fluoreszierende Partikel eingesetzt. Diese leuchten bei einer Anregung mit dem grünen Laserlicht rot, wobei das Emissionsmaximum bei einer Wellenlänge von 605 nm liegt. Die Dichte der Partikel liegt im Bereich von 0,985-1,005 g/cm³, bei einem Durchmesser von 27-35 µm. Laut Hersteller beträgt der Anteil sphärischer Partikel über 90 %.

6.2 Versuche

6.2.1 Versuchsvorbereitung

Entscheidend für gute Versuchsergebnisse ist ein gerichtetes, gleichmäßiges Erstarren des Materials. Um dies zu garantieren, muss die Testkapsel blasenfrei befüllt werden. Allerdings lösen sich im flüssigen Octadecan Gase, die selbst bei einer blasenfreien Erstarrung zu kleinen Hohlräumen im erstarrten Feststoff führen. Während der Versuchsdurchführung kommt es dann vermehrt zu aufsteigende Gasblasen, die die PIV-Auswertung stören und zu Fehlvektoren führen. Aus

diesem Grund wird das PCM entgast, bevor es in die Testkapsel eingefüllt wird. Dabei wird das
Gesetz von Henry ausgenutzt, welches besagt, dass die Löslichkeit von Gasen in Flüssigkeiten
proportional zum Partialdruck ist und mit sinkendem Partialdruck abnimmt. Daher wird das
99 % reine Octadecan in einem Ofen verflüssigt und im flüssigen Zustand in einen Druck-
behälter gefüllt. In diesem wird der Druck durch eine Vakuumpumpe auf 0,12 - 0,15 bar reduziert, während die Temperatur unter konstantem Rühren auf 60 °C gehalten wird. Über Nacht
löst sich so ein großer Anteil der im Octadecan vorhandenen Gase, was sich durch einen Druck-
anstieg im Behälter zeigt.

Vor der Befüllung der Testzelle mit dem entgasten Octadecan werden diesem die fluoreszierenden PIV-Partikel zugegeben. Um bei jedem Versuch eine ähnliche Anzahl an Partikeln zu
garantieren, werden die Partikel gewogen, bevor sie in die Flüssigkeit gegeben werden. Sind die
Partikel und die Flüssigkeit gut vermischt, wird die vorgeheizte Testzelle mit einer Spritze über
den Öffnungsschlitz mit der Octadecan-Partikel-Mischung befüllt. Dabei wird darauf geachtet,
dass die Mischung so wenig wie möglich mit Luft in Kontakt kommt, da sich diese sonst wieder
im Octadecan löst. Sobald die Testzelle vollständig gefüllt ist, wird die Temperatur der kalten
Seite auf 5 °C reduziert, während die warme Seite auf 28,3 °C gehalten wird. Dadurch erstarrt
das Octadecan gerichtet von der kalten zur warmen Seite, wobei die warme Seite zunächst
flüssig bleibt und somit ein Nachfüllen der Octadecan-Partikel-Mischung ermöglicht wird. Das
regelmäßiges Nachfüllen ist aufgrund der Volumenabnahme bei der Erstarrung nötig und verhindert die Lunkerbildung im Feststoff. Nachdem das Octadecan vollständig erstarrt ist, wird
die Testzelle auf die Starttemperatur von 17,98 °C temperiert.

6.2.2 Versuchsdurchführung

Die Versuchsdurchführung wird per Labview-Programm gesteuert. In diesem können die Plat-
tentemperaturen, der Abstand zwischen den Bilderreihen und die Anzahl der Bilder pro Bilder-
reihe vorgegeben werden. Weiterhin sind auch der Laser, die Wärmestromsensoren, die Thermoelemente und die Magnetventile an das Labview-Programm angebunden.

Sobald das Labview-Programm gestartet wird, wird die Solltemperatur des Thermostats der
warmen Seite auf 49 °C gestellt. Zeitgleich schalten die Magnetventile um und der Wasserkreislauf der heißen Seite läuft auf Bypass. Nach sechs Minuten hat das Wasser im Thermostat die
gewünschte Temperatur erreicht und die Magnetventile schalten wieder in ihre Ausgangsstel-
lung zurück. Nach weiteren sechs Sekunden durchströmt das heiße Wasser die Platte und der
Versuch beginnt ($t = t_0$). Die Solltemperatur des Thermostats der heißen Seite wird zunächst
schrittweise reduziert, um Oszillationen der Plattentemperatur zu vermeiden. Nach einigen
Minuten wird auf eine Prozessregelung anhand der Plattentemperatur umgeschaltet. Alle 15
Minuten wird der Laser für einige Sekunden eingeschaltet und die Kamera nimmt eine Bilderse-
rie auf. Etwa 15 Sekunden vor der Bildaufnahme wird die Frontdämmung vorsichtig per Hand

entfernt und nach der Bildaufnahme wieder angebracht. Darüber hinaus werden alle zwei Sekunden die Messwerte der Thermoelemente und der Wärmestromsensoren aufgenommen. Nach zwei Stunden ist der Versuch beendet und die Kapsel wird vollständig entleert. Es wird für jeden Versuch frisch entgastes Octadecan verwendet.

6.2.3 PIV-Auswertung

Die Umwandlung der aufgenommenen Partikelmuster in Geschwindigkeitsvektoren erfolgt mit der frei erhältlichen Matlab-Erweiterung PIVlab [100]. Vor der eigentlichen PIV-Auswertung werden zunächst die Rohbilder zugeschnitten und dann bearbeitet, um die Qualität der anschließenden Auswertung zu verbessern. Dazu wird auf die Rohbilder ein Hochpassfilter angewandt und der Kontrast angepasst. Die Berechnung der Korrelationsfunktion erfolgt über eine FFT mit Auswertefensterverformung und insgesamt vier Durchläufen. Die Größe der Auswertefenster beträgt zunächst $64{\times}64$ Pixel, wird jedoch im zweiten Durchlauf auf $32{\times}32$ Pixel reduziert. Umgerechnet auf eine physikalische Länge ergibt sich die Größe der Auswertefenster zu $0{,}56{\times}0{,}56$ mm. Weiterhin überlappen sich die Auswertefenster zu 50%, so dass alle $0{,}28$ mm ein Geschwindigkeitsvektor berechnet wird. Ausreißer in den berechneten Geschwindigkeitsvektoren werden durch einen Standardabweichungsfilter entfernt. Fehlende Vektoren werden interpoliert. Da zu den Messzeitpunkten mehr als zwei Rohbilder aufgenommen wurden, können mehrere Vektorfelder berechnet werden. Der daraus gebildete Mittelwert hat eine deutlich niedrigere Fehlvektoranzahl als ein aus nur zwei Rohbildern erzeugtes Vektorfeld.

6.3 Fehlerrechnung

Keine reale Messung ist exakt. Man wird daher mit einem realen Messsystem bei der n-fachen Messung einer Größe Ω stets n voneinander abweichende Messwerte $\omega_1, \omega_2, ..., \omega_n$ erhalten. Mögliche Ursachen für diese Abweichungen innerhalb einer Messreihe sind [101]:

- Umwelteinflüsse (Schwankungen des Luftdrucks, der Raumtemperatur, etc.),
- Unvollkommenheit des Messprinzips, der Messmethode oder des Messobjekts,
- Ableseungenauigkeiten bei Analogmessgeräten und Diskretisierungsfehler bei Digitalmessgeräten.

Messabweichungen werden oftmals in systematische und zufällige Abweichungen eingeteilt. Charakteristisch für systematische Abweichungen ist, dass alle Messwerte mit der gleichen Abweichung verfälscht werden, z. B. sind alle Messwerte einer Messreihe durch eine falsch kalibrierte Waage zu groß. Sind die systematischen Abweichungen bekannt, so können sie relativ einfach korrigiert werden.

6.3.1 Systematische Abweichungen

Im Grundlagenteil wurden mit der Geschwindigkeitsverzögerung der Partikel und den Formeln für die Positions- und Geschwindigkeitsabweichung durch ein inhomogenes Brechungsindexfeld bereits die wichtigsten systematischen Abweichungen der Particle Image Velocitmetry dargelegt. Weitere systematische Abweichungen, welche sinnvoll abgeschätzt werden können, sind die Wärmeverluste der Kapsel an die Umgebung sowie die Beeinflussung der Wärmestrommessung durch Wärmeverluste der beiden Kupferplatten.

Abschätzung der Wärmeverluste

Die thermischen Verluste der Versuchskapsel an die Umgebung werden durch ein eindimensionales Widerstandsmodell abgeschätzt. Unter Berücksichtigung der Wärmeleitung durch die Dämmung sowie des Wärmeübergangs von der Dämmung zur umgebenden Luft ergibt sich der Wärmedurchgangskoeffizient der einzelnen Kapselwände i zu:

$$\kappa_i = \left(\frac{l_D}{\lambda_D} + \frac{1}{\alpha_{W,i}} \right)^{-1}, \tag{6.1}$$

wobei der Index D die Dämmung bezeichnet und α_W den Wärmeübergangskoeffizienten repräsentiert. Der mittlere Wärmeübergangskoeffizient α_W zwischen der Dämmung und der Umgebung wird für die verschiedenen Seiten der Kapsel gemäß dem VDI-Wärmeatlas [102] berechnet. Mit bekanntem Wärmedurchgangskoeffizienten und den Flächen der Kapselwände S_i berechnet sich der thermische Widerstand wie folgt:

$$R_i = \frac{1}{\kappa_i S_i}. \tag{6.2}$$

Aufgrund des eindimensionalen Modells sind die Oberflächen S_i gleich den vier Kapseloberflächen und nicht gleich der Oberfläche deren Dämmung. Mit den bekannten thermischen Widerständen lässt sich der Verlustwärmestrom über folgende Gleichung abschätzen:

$$\dot{Q} = \sum_i \frac{\Delta T_i}{R_i}. \tag{6.3}$$

In dieser Gleichung bezeichnet ΔT_i die Temperaturdifferenz zwischen Umgebung und einer Kapselwand. Die mittlere Temperatur einer Kapselwand wird aus den numerischen Ergebnissen bestimmt. Der Gesamtwärmeverlust nach einer bestimmten Zeit wird durch Aufsummieren des Produkts aus Verlustwärmestrom und Zeitintervall abgeschätzt:

$$Q = \sum_i \dot{Q}_i \Delta t_i. \tag{6.4}$$

Der mit dieser Formel berechnete Gesamtwärmeverlust nach 2 h Versuchsdauer entspricht ungefähr 1,5 % der in der Kapsel gespeicherten latenten Enthalpie. Die im Ergebnisteil gezeigten Ergebnisse des Phasenanteils werden allerdings nicht um diesen Wert korrigiert. Der Grund dafür ist, dass sich der Verlauf der Phasengrenze unter dem Einfluss von thermischen Verlusten nichtlinear ändert. Es ist also nicht möglich, den Verlauf der Phasengrenze zu korrigieren. Daher wäre bei einer reinen Korrektur des Phasenanteils die gezeigte Phasengrenze nicht mehr konsistent zum Phasenanteil.

Wärmestrommessung

Aus technischen Gründen sind die beiden Wärmestromsensoren zwischen den Kupferplatten und den Aluminiumwärmeübertragern angebracht. Dadurch wird die Messung des Wärmestroms durch den Wärmeverluststrom der Kupferplatten zur Umgebung systematisch beeinflusst. Die Abschätzung dieses Verlustwärmestroms erfolgt über Gleichung 6.3. In diesem Fall besteht der thermische Widerstand allerdings nur aus dem Anteil des Wärmeübergangskoeffizienten, da die Platten selbst nicht gedämmt sind. Darüber hinaus ist die Berechnung der für Gleichung 6.3 benötigten Temperaturdifferenz sehr einfach, da sowohl die Temperatur der Platten als auch die Umgebungstemperatur bekannt ist. Der Wert für den Verlustwärmestrom der heißen Platte ergibt sich zu 0,14 W. Im Gegensatz zur heißen Platten verliert die kalte Platte keine Energie, sondern nimmt einen Wärmestrom von 0,05 W aus der Umgebung auf. Die Ergebnisse der Wärmestrommessung werden um diese Werte korrigiert.

6.3.2 Zufällige Abweichungen

Zufällige Abweichungen sind das Produkt aus einer Vielzahl kleiner regelloser Abweichungen und werden mithilfe der mathematischen Statistik beschrieben. Der beste Schätzwert für den unbekannten wahren Wert der Messgröße Ω ist der arithmetische Mittelwert der Messreihe:

$$\overline{\omega} = \frac{1}{n} \sum_{i=1}^{n} \omega_i, \tag{6.5}$$

wobei angenommen wird, dass die Messwerte ω_i bereits um eventuelle systematische Fehler korrigiert wurden oder diese vernachlässigbar klein sind. Die Streuung der einzelnen Messwerte um den Mittelwert wird durch die Standardabweichung der Messreihe beschrieben:

$$s = \sqrt{\frac{1}{n-1} \sum_{i=1}^{n} (\omega_i - \overline{\omega})^2}. \tag{6.6}$$

Mithilfe der Standardabweichung der Messreihe kann die Messunsicherheit der Messreihe angegeben werden:

$$\Delta\omega = \mathcal{T}\frac{s}{\sqrt{n}}, \tag{6.7}$$

wobei $\mathcal{T}$ der studentsche Faktor ist. Eine anschauliche Interpretation der Messunsicherheit ergibt sich durch die Einführung sogenannter Konfidenzintervalle. Diese haben die doppelte Länge der Messunsicherheit und umgeben den Mittelwert symmetrisch. Sie geben den Bereich an, in dem der wahre Wert der Messgröße bei einer vorgegebenen Wahrscheinlichkeit liegt. Von dieser vorgegebenen Wahrscheinlichkeit und der Anzahl der Messungen hängt der numerische Wert des studentschen Faktors $\mathcal{T}$ ab.

7 Kombinierte Unsicherheits- und Sensitivitätsanalyse

In diesem Kapitel wird zunächst auf die grundlegenden Prinzipen von sowohl ableitungsbasierten als auch von varianzbasierten Sensitivitätsanalysen eingegangen und der Zusammenhang zwischen Unsicherheits- und Sensitivitätsanalysen erläutert. Danach wird die Vorgehensweise bei der Methode der Elementary-Effects vorgestellt. Diese Methode zur Untersuchung der Unsicherheit und dem Einfluss der einzelnen Parameter benötigt nur vergleichsweise wenige Modellausführungen und eignet sich daher insbesondere für rechenintensive Modelle. Am Ende des Kapitels werden die Eingangsparameter der in dieser Arbeit durchgeführten kombinierten Unsicherheits- und Sensitivitätsanalysen diskutiert. Dies sind zum einen die Stoffdaten des verwendeten PCM (Octadecan) und zum anderen die Anfangs- und Randbedingungen des Validierungsexperiments.

7.1 Grundlegende Prinzipien von Sensitivitätsanalysen

Jede Veränderung eines Eingangsparameters beeinflusst das Ergebnis einer Modellausführung in einer gewissen Art und Weise. Die Ableitung der Zielgröße Y nach einem Eingangsparameter X_i kann daher als mathematische Definition der Sensitivität S_i der Zielgröße auf den Eingangsparameter aufgefasst werden [103]:

$$S_i = \frac{\partial Y}{\partial X_i}. \tag{7.1}$$

Allerdings ist Gleichung 7.1 für eine Sensitivitätsanalyse nur bedingt geeignet. Wie stark das Ergebnis von der Veränderung eines Eingangsparameters beeinflusst wird, hängt nicht nur von dem untersuchten Modell, sondern auch von der Schwankungsbreite des Eingangsparameters ab. Je nach Modell kann eine große Schwankung eines Eingangsparameters nur eine geringe Auswirkung auf die Zielgröße haben. Gleichzeitig ist es möglich, dass eine kleine Schwankung eines anderen Parameters das Ergebnis stark beeinflusst. Bei der Definition der Sensitivität kann dies berücksichtigt werden, indem die Ableitung der Zielgröße nach einem Eingangsparameter mit den Varianzen des Eingangsparameters und der Zielgröße gewichtet wird:

$$S_i^\sigma = \frac{\sigma_{X_i}}{\sigma_Y} \frac{\partial Y}{\partial X_i}. \tag{7.2}$$

Trotz dieser Gewichtung bleibt ein großer Nachteil ableitungsbasierter Sensitivitätsanalysen bestehen. Bei nichtlinearen Modellen ist die Ableitung nur an dem Punkt informativ, an dem sie berechnet wurde. Dies bedeutet, dass Gleichung 7.2 ein lokales Maß für die Sensitivität eines Eingangsparameters ist. Eine systematische Sensitivitätsanalyse sollte allerdings global sein. Global bedeutet, dass die Sensitivität der Zielgröße bezüglich eines Eingangsparameters für alle möglichen Kombinationen der Eingangsparameter des Systems untersucht wird. Diese Kombination der Eingangsparameter wird auch Parameterraum des Systems genannt. Variieren zum Beispiel zwei gleichverteilte Parameter zwischen einem Minimal- und einem Maximalwert, ist der Parameterraum des Systems ein Rechteck. Saltelli und Annoni [104] zeigen, dass lokale Sensitivitätsanalysen insbesondere für hochdimensionale Parameterräume nicht geeignet sind. Eine Möglichkeit, die Sensitivität einer Zielgröße gegenüber einem Eingangsparameter ohne das Bilden einer Ableitung zu bestimmen, sind varianzbasierte Analysen. Bei diesen wird die Unsicherheit der Eingangsparameter durch das Modell propagiert und die Streuung der erzielen Ergebnisse untersucht (Abb. 7.1). Je nach Modell sind unterschiedlich viele Modellausführungen

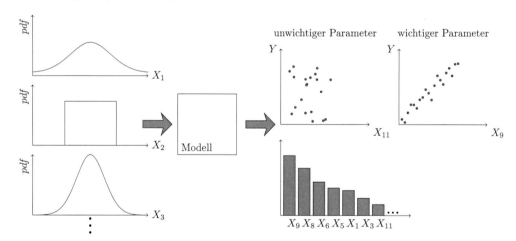

Abbildung 7.1: Kompakte Darstellung einer varianzbasierten Sensitivitätsanalyse. Die Unsicherheit der Eingangsparameter spiegelt sich in Punktewolken der Zielgröße wieder. Je nach Wichtigkeit des Parameters haben diese unterschiedliche Strukturen. Für eine übersichtliche Darstellung werden die Eingangsparameter oftmals ihrer Wichtigkeit nach sortiert und in einem Balkendiagramm dargestellt.

nötig, um zuverlässige Ergebnisse zu erhalten. Ist ein Parameter wichtig, so ist ein Zusammenhang zwischen dem Parameter und der Zielgröße zu erkennen. Ein Teil der Varianz des Ergebnisses kann dann durch den Einfluss dieses Eingangsparameters auf die Zielgröße erklärt werden. Demgegenüber zeigt die Zielgröße keine Abhängigkeit von einem unwichtigen Parameter. Aus diesem Grund können als unwichtig identifizierte Parameter auf einen beliebigen Wert innerhalb ihre Schwankungsbreite gesetzt werden, ohne das Ergebnis zu beeinflussen. Varianzbasierte Sensitivitätsanalysen sind global und haben gegenüber ableitungsbasierten Analysen den Vorteil, dass auch Interaktionseffekte zwischen den Eingangsparametern aufgelöst werden können. Sie benötigen allerdings eine sehr große Anzahl an Modellausführungen.

Eng verwandt mit der Sensitivitätsanalyse ist die Unsicherheitsanalyse. Wie der Name verrät, liegt der Fokus der Unsicherheitsanalyse auf der Bestimmung der Unsicherheit, d. h. der Schwankungsbreite, des Simulationsergebnisses. Es ist sofort einleuchtend, dass auch eine Unsicherheitsanalyse global sein sollte, da sonst ein Teil der Unsicherheit der Eingangsparameter nicht in Betracht gezogen wird. Üblicherweise ist die Unsicherheitsanalyse der Sensitivitätsanalyse vorgeschaltet, damit die Unsicherheit bekannt ist, bevor sie verschiedenen Parametern zugeordnet wird. Dieses Vorgehen wird auch in dieser Arbeit angewandt.

7.2 Methode der Elementary-Effects

Eine große Hürde bei der Anwendung einer varianzbasierten Sensitivitätsanalyse auf die numerische Simulation von Aufschmelzprozessen unter dem Einfluss der natürlichen Konvektion stellt der damit verbundene hohe Rechenaufwand dar. Voruntersuchungen mit einem eindimensionalen diffusiven Modell des Fest-flüssig-Phasenwechsels haben gezeigt, dass selbst nach 10^5 Simulationen noch keine eindeutigen Ergebnisse von der varianzbasierten Sensitivitätsanalyse zu erwarten sind. Bei den sehr detaillierten Aufschmelzmodellen, die auch die natürliche Konvektion berücksichtigen, ist jedoch schon eine einzige Modellausführung mit erheblichem Rechenaufwand verbunden. Aus Rechenzeitgründen ist es somit nicht möglich, 10^5 Simulationen durchzuführen.

In dieser Arbeit wird daher die Methode der Elementary-Effects [105] angewandt, die bereits mit wenigen Modellausführungen ($< 10^3$) die wichtigsten Parameter des Systems identifizieren kann und darüber hinaus die Schwankungsbreite und damit die Unsicherheit der Zielgröße liefert. Der wichtigste Parameter ist dabei derjenige, der bei gegebener Unsicherheit des Parameters den größten Einfluss auf die Zielgröße hat. Die Methode der Elementary-Effects stellt eine Erweiterung ableitungsbasierter Methoden dar und überwindet deren größte Schwäche – ihre Lokalität.

Die Vorgehensweise bei der Methode der Elementary-Effects lässt sich wie folgt zusammenfassen. Zunächst werden die Eingangsparameter des Systems auf Werte zwischen Null und Eins normiert. Ist n die Anzahl der unabhängigen Eingangsparameter, entsteht nach der Normierung ein n-dimensionaler Hyperwürfel. Dieser Hyperwürfel wird in verschiedene Level unterteilt und auf zufällig ausgewählten Wegen, sogenannten Trajektorien, durchlaufen. Bei einem Schritt der Länge δ entlang der Trajektorie wird stets nur der Wert eines Eingangsparameters verändert. Wichtig ist, dass die Kombination aus Schrittweite und Level so gewählt wird, dass jeder Punkt die gleiche Wahrscheinlichkeit hat, ausgewählt zu werden. Weiterhin wird an jedem Punkt der Trajektorie der Wert der Zielgröße Y durch eine Modellausführung bestimmt. Aus dem Wert der Zielgröße vor und nach der Änderung des Parameters und der Schrittweite wird der Elementary-Effect (EE) dieses Parameters berechnet:

$$EE_i = \frac{Y(X_1, ..., X_i + \delta, ..., X_n) - Y(X_1, ..., X_i, ..., X_n)}{\delta}. \tag{7.3}$$

Ein EE ist also die normierte partielle Ableitung der Zielgröße Y nach einem Parameter X_i an einem bestimmten Punkt im Parameterraum. Ein großer Vorteil der Methode der Elementary-Effects gegenüber lokalen ableitungsbasierten Sensitivitätsanalysen ist, dass bei einer ausreichenden Anzahl von Trajektorien die EE der Parameter an vielen verschiedenen Punkten im Parameterraum berechnet werden und somit große Teile des Parameterraums erforscht werden. Gleichzeitig können die zur Bildung der EE benötigten Funktionsauswertung zur Berechnung der Schwankungsbreite der Zielgröße verwendet werden.

Als Maß für den Einfluss eines Parameters schlägt Morris [105] die kombinierte Betrachtung aus Mittelwert und Varianz des EE eines Parameters über alle Trajektorien vor. Nach Campolongo [106] ist es allerdings ausreichend, den Betragsmittelwert der EE als alleiniges Maß für den Einfluss eines Parameters zu betrachten:

$$\mu_i^* = \frac{1}{r} \sum_{j=1}^{r} |EE_i^j|. \tag{7.4}$$

Dabei ist r die Anzahl der Trajektorien und j der Index für eine bestimmte Trajektorie. Eine mögliche Trajektorie mit einer Schrittweite von 2/3 in einem zweidimensionalen Parameterraum ist in Abbildung 7.2 dargestellt. Die Erzeugung der Trajektorien erfolgt in dieser Arbeit nach dem von Saltelli et al. [103] angegebenen Algorithmus.

Ein Nachteil der Methode der Elementary-Effects ist die Annahme unabhängiger Eingangsparameter. Es ist daher nicht möglich, den Einfluss der Temperaturabhängigkeit der Stoffwerte direkt zu untersuchen, da z. B. im linearen Fall der Wert der Steigung mit dem des Achsenabschnitts korreliert ist. In dieser Arbeit wird daher die Methode der Elementary-Effects auf unterschiedliche Werte der Eingangsparametern angewandt, um den Einfluss der Temperaturabhängigkeit der Stoffdaten zu untersuchen.

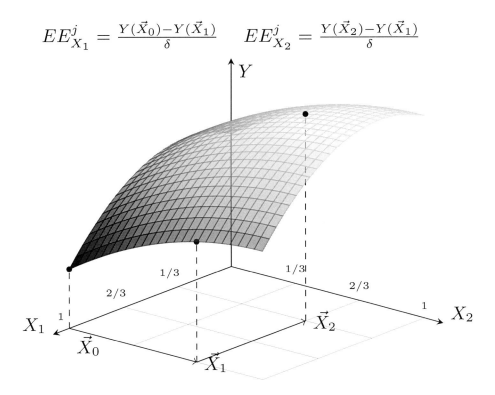

$$EE^j_{X_1} = \frac{Y(\vec{X}_0) - Y(\vec{X}_1)}{\delta} \qquad EE^j_{X_2} = \frac{Y(\vec{X}_2) - Y(\vec{X}_1)}{\delta}$$

Abbildung 7.2: Darstellung einer möglichen Trajektorie in einem zweidimensionalen Parameterraum. Die Schrittweite beträgt 2/3 und die Parameter sind in vier Level unterteilt. Die über dem Parameterraum liegende Zielfunktion wird an drei Stellen ausgewertet. Aus diesen drei Funktionsauswertungen werden die zwei dazugehörigen EE berechnet.

7.3 Eingangsparameter

Die Anzahl der Eingangsparameter der in dieser Arbeit durchgeführten kombinierten Unsicherheits- und Sensitivitätsanalysen wird durch einige Annahmen begrenzt. Zunächst wird das Simulationsergebnis als unabhängig von den numerischen Parametern angesehen, darunter fällt z. B. das eingestellte Residuum bei der Lösung der Temperatur-Enthalpie-Kopplung. Begründet wird dies dadurch, dass die in Kapitel 5 vorgestellte Energiebilanz (Gl. 5.46) stets erfüllt ist. Darüber hinaus wird der Einfluss der Anzahl der Rechenzellen und der Wert der Darcy-Konstanten von den anderen Eingangsparametern abgetrennt bestimmt. Dazu werden im nächsten Abschnitt die Ergebnisse einer Netzunabhängigkeitsstudie und einer Studie zum Einfluss der Darcy-Konstanten präsentiert. Weiterhin werden die Anfangs- und Randbedingungen der Geschwindigkeit und des Drucks nicht variiert. Auch die Annahme, dass die obere und die untere Wand als adiabat angenommen werden können, bleibt bestehen. Durch die Nichtberücksichtigung der oben genannten Parameter als Eingangsparameter der Simulation wird das Simulationsergebnis allein durch die Stoffdaten, die Anfangstemperatur und die Wandtemperaturen beeinflusst. Insgesamt ergeben sich 13 unabhängige Eingangsparameter.

7.3.1 Stoffdaten

Sowohl für die kombinierten Unsicherheits- und Sensitivitätsanalysen als auch für die detaillierte Validierung des numerischen Modells ist eine genaue Charakterisierung der Stoffdaten von Octadecan unabdingbar. In der Literatur war eine solche Charakterisierung allerdings nicht vorhanden. Aus diesem Grund wurden in einer Vorarbeit [107] aus den Rohdaten von über 80 Literaturquellen temperaturabhängige Stoffdatenfunktionen für die Dichte, die Wärmekapazität, die Wärmeleitfähigkeit und die Viskosität von Octadecan erstellt. Darüber hinaus wurden mittlere Werte des Schmelzpunkts und der Schmelzenthalpie bestimmt. Dies sind alle Stoffwerte, welche für die makroskopische Simulation eines Fest-flüssig-Phasenwechsels benötigt werden. Die Stoffdatenfunktionen wurden für die flüssige und die feste Phase einzeln berechnet und besitzen eine Gültigkeit von ±40 K um den Schmelzpunkt. Die Unsicherheit der Stoffdatenfunktionen, des mittleren Schmelzpunkts und der mittleren Schmelzenthalpie wird über ihr 95 und 99 %-Konfidenzintervall angegeben. Die Häufigkeitsverteilungen des Schmelzpunkts und der Phasenwechselenthalpie sind in Abbildung 7.3 gezeigt. Eine grafische Darstellung der Stoffdatenfunktionen ist in Abbildung 7.4 gegeben. Tabelle 7.1 gibt die Funktionen und Mittelwerte in numerischer Form an. Im Einklang mit dem in Abschnitt 5.2 vorgestellten Modell wird die Wärmekapazität im Flüssigen als linear angegeben, obwohl eine quadratische Funktion den Zusammenhang zwischen Messdaten und Funktion etwas besser erklärt [107]. Zur Erstellung der Stoffdatenfunktionen und der gemittelten Werte wurden nur Messdaten aus Primärquellen berücksichtigt. Weiterhin wurden die Stoffwerte entsprechend ihrer Unsicherheit gewichtet und

Tabelle 7.1: Ermittelte Ausgleichsfunktionen für die temperaturabhängigen Stoffdaten, der mittlere Schmelzpunkt und die mittlere Schmelzenthalpie von Octadecan [107].

Größe	Feststoff (261,13 K - 301,13 K)		Flüssigkeit (301,13 K - 341,13 K)
Dichte in kg/m^3	867,914		$979{,}826 - 0{,}674 \cdot T$
Wärmekapazität in J/(g K)	$-1{,}029 + 9{,}797 \cdot 10^{-3} \cdot T$		$1{,}349 \cdot 10^3 + 2{,}903 \cdot T$
Wärmeleitfähigkeit in W/(m K)	0,334		$0{,}246 - 3{,}121 \cdot 10^{-4} \cdot T$
Viskosität in mPa s	-		$\exp\left(-5{,}353 + 2026{,}013/T\right)$
Schmelztemperatur in K	-	301,13	-
Schmelzenthalpie in kJ/kg	-	236,98	-

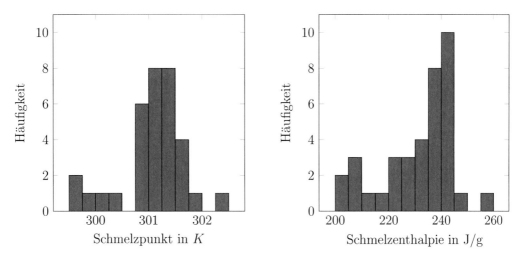

Abbildung 7.3: Häufigkeitsverteilungen des Schmelzpunkts und der Schmelzenthalpie [107].

Messdaten, die nicht bestimmten Qualitätsstandards entsprachen (Reinheit, Genauigkeit der Temperaturangabe, Messunsicherheit etc.) wurden nicht zur Bestimmung der Stoffdatenfunktionen und der gemittelten Werte verwendet. Diese Vorsortierung der Rohdaten entspricht bei der Erstellung von Stoffdatenfunktionen dem wissenschaftlichen Standard [108].

Obwohl die Stoffdaten von Octadecan als gut bekannt gelten (besonders im Hinblick auf andere PCM), wird bei einem Blick auf die Stoffdatensammlung klar, dass bei Einzelmessungen Schwankungen von über 100 % auftreten (Abb. 7.4). Ein Grund hierfür ist die Schwierigkeit, nahe am Schmelzpunkt zu messen. Außerdem stellen die verschiedenen Kristallstrukturen des Feststoffs, die bei unterschiedlichen Abkühlraten entstehen, eine Herausforderung dar. Hemberger et al. [109] zeigen, dass dies zu großen Schwankungen bei den Feststoffwerten, insbesondere bei der Wärmeleitfähigkeit und der Dichte, führt. Dies ist mit ein Grund, wieso weder bei der festen Wärmeleitfähigkeit noch bei der festen Dichte eine Abhängigkeit von der Temperatur mit statistischer Signifikanz festgestellt werden konnte. Generell gilt, dass die Stoffwerte im Flüssigen, anders als im Festen, sehr gut bekannt sind und dementsprechend kleine Konfidenzintervalle besitzen.

Weitere Informationen zur Vorauswahl der Daten, den in den Literaturquellen verwendeten Messverfahren, der statistischen Vorgehensweise und den Gleichungen der Konfidenzintervall sind in Faden et al. [107] zu finden.

7.3.2 Anfangs- und Wandtemperaturen des Validierungsexperiments

Zusammen mit den Stoffdaten von Octadecan bilden die Starttemperatur des Versuchs und die mittlere Temperatur der beiden Kupferplatten den Parameterraum des Systems. Die Unsicher-

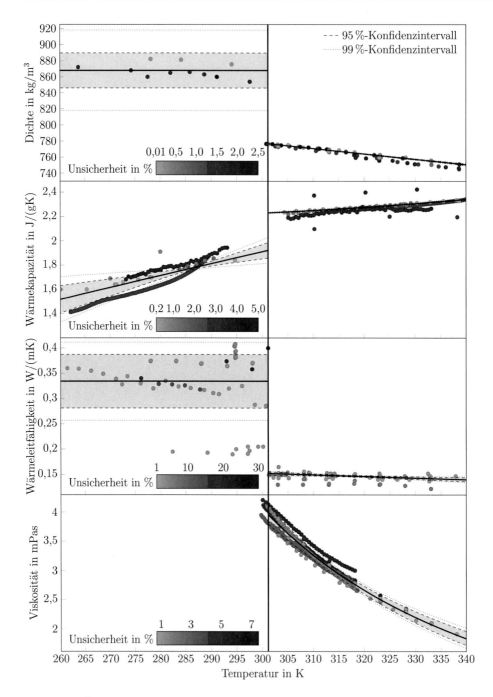

Abbildung 7.4: Übersicht über die Stoffdatenfunktionen von Octadecan aus Faden et al. [107].

heit dieser Temperaturen setzt sich zusammen aus der Unsicherheit der kalibrierten Thermoelemente und den räumlichen und zeitlichen Schwankungen der Temperaturen selbst.

Zunächst wird die Unsicherheit der Thermoelemente betrachtet. Diese wurden in einem Wasserbad durch ein auf 0,02 K genaues Referenzthermometer kalibriert. Dazu wurde innerhalb des relevanten Temperaturbereichs alle 5 K ein Kalibrierwert aufgenommen. Die Kalibrierwerte sind über einige Minuten zeitlich gemittelt, um geringfügige Schwankungen in der Badtemperatur auszugleichen. Zwischen den so ermittelten Werten wird im Programm Labview linear interpoliert. Daher kann davon ausgegangen werden, dass die Unsicherheit der Thermoelemente sehr gering ist. Die Unsicherheit der räumlichen und zeitlichen Schwankungen der Temperaturen wird anhand des Temperaturverlaufs der warmen Platte abgeschätzt (Abb. 7.5). Bei dieser

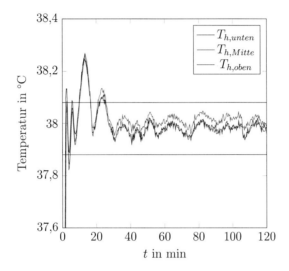

Abbildung 7.5: Temperatur der heißen Platte während eines Versuchs.

Temperatur ist aufgrund der Aufheizphase die größte Unsicherheit zu erwarten. Es dauert etwa eineinhalb Minuten, bis die Temperaturen in der Platte zum ersten Mal im Korridor von 0,1 °C um den Zielwert von 37,98 °C liegen. In diesem Bereich verbleiben die Temperaturen über den Großteil des restlichen Versuchs. Die räumlichen Schwankungen innerhalb der Kupferplatte sind aufgrund der hohen Wärmeleitfähigkeit des Kupfers sehr gering. Als eher konservative Schätzung der Kombination der beiden oben genannten Unsicherheiten wird daher ein Unsicherheitswert von ±0,1 K für die Temperaturen gewählt.

7.3.3 Auswahl der Minimal- und Maximalwerte der Eingangsparameter

In dieser Arbeit werden drei kombinierte Unsicherheits- und Sensitivitätsanalysen durchgeführt, wobei sich die Minimal- und Maximalwerte der Eingangsparametern unterscheiden. Das Ziel dieser Vorgehensweise besteht darin, den Unterschied zwischen zufällig aus der Literatur herausgegriffenen Stoffwerten und den mittleren Stoffdaten aufzuzeigen. Darüber hinaus soll der Einfluss eines Stoffwertes auf das Ergebnis entweder dessen Temperaturabhängigkeit oder dessen Unsicherheit zugeordnet werden können.

Die erste Analyse verwendet als Eingangsparameter die Spannweiten der Literaturdaten, allerdings ohne die Stoffwerte, die den in diesem Kapitel weiter oben genannten Qualitätsstandards nicht genügen. Das Verwenden der Spannweiten entspricht dem Standard der numerischen Simulation von Schmelzprozessen mit PCM, da bei diesen Materialien oftmals noch keine Referenzkorrelationen existieren. Aus diesem Grund müssen die Stoffdaten für die numerische Simulation aus einzelnen Veröffentlichungen zusammengetragen werden. Bei der zweiten Analyse sind die Werte der Stoffdatenfunktionen an den Rändern ihrer 95 %-Konfidenzintervalle die Eingangsparameter. Es werden also Unsicherheit und Temperaturabhängigkeit zu gemeinsamen Minimal- und Maximalwerten zusammengefasst. Somit repräsentiert die zweite Analyse die maximale Unsicherheit der Simulation, wenn die Stoffwerte zwar aus einer Referenzkorrelation entnommen sind, aber nicht temperaturabhängig implementiert sind. In der dritten Analyse wird nur die Unsicherheit der Werte betrachtet. Dazu wird der Wert der jeweiligen Stoffgröße bei der Mitteltemperatur als Eingangsparameter verwendet. Die Unterschiede zwischen der zweiten und der dritten Analyse können daher als Anhaltspunkt für den Einfluss der Temperaturabhängigkeit der Stoffwerte gesehen werden. Die Auswahl der Eingangsparameter für die drei Analysen ist in Abbildung 7.6 am Beispiel der Wärmeleitfähigkeit der flüssigen Phase visualisiert.

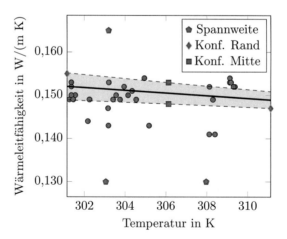

Abbildung 7.6: Auswahl der unterschiedlichen Eingangsparameterwerte für die kombinierten Unsicherheits- und Sensitivitätsanalysen.

8 Ergebnisse

Wie bereits im vorherigen Kapitel erwähnt, sind die numerischen Eingangsparameter der Simulation nicht Teil des Parameterraums der in dieser Arbeit durchgeführten kombinierten Unsicherheits- und Sensitivitätsanalysen. Trotzdem haben sie natürlich einen Einfluss auf das Ergebnis der Simulation. Daher wird zunächst der Einfluss der beiden wichtigsten numerischen Parameter auf das Simulationsergebnis gesondert betrachtet.

Nachdem der Einfluss der numerischen Parameter dargelegt wurde, wird eine detaillierte Validierung des numerischen Modells durchgeführt. Eingangsparameter der zur Validierung durchgeführten Simulation sind die im vorherigen Kapitel gezeigten temperaturabhängigen Stoffdatenfunktionen. Mithilfe des validierten Modells werden drei kombinierte Unsicherheits- und Sensitivitätsanalysen mit unterschiedlicher Auswahl der Eingangsparameter durchgeführt. Damit wird die Unsicherheit bei der Simulation von Schmelzprozessen aufgezeigt und diese darüber hinaus den einzelnen Eingangsparametern zugeordnet. Die unterschiedlicher Auswahl der Eingangsparameter stellt dabei verschiedene Vorgehensweisen bei der numerischen Simulation dar. Die durch diese systematische Modellanalyse gewonnenen Erkenntnisse werden am Ende des Kapitels dazu verwendet, Empfehlungen zur Validierung von Modellen zur Simulation von Festflüssig-Phasenübergängen auszusprechen.

8.1 Einfluss des Netzes und der Darcy-Konstanten

Der Einfluss des Netzes und der Darcy-Konstanten wird unabhängig von den anderen Eingangsparametern betrachtet. Diesem Vorgehen liegt die Annahme zugrunde, dass die Auswirkungen dieser beiden Parameter weitestgehend unabhängig von den anderen Eingangsparametern sind.

Netzunabhängigkeitsstudie

Die Auswirkung des Rechennetzes auf das Simulationsergebnis wird durch eine Netzunabhängigkeitsstudie aufgezeigt. Dazu werden fünf Netze mit in x- und y-Richtung 100×100 bis 300×300 Zellen erstellt und die damit erhaltenen Ergebnisse miteinander verglichen. Alle Netze sind äquidistant und orthogonal. Die numerischen Einstellungen sind wie in Kapitel 5 beschrieben. Als Vergleichsparameter zwischen den Netzen wird die relative Abweichung des globalen

Flüssigphasenanteils des jeweiligen Netzes bezogen auf das feinste Netz

$$\epsilon_i(t) = \left| \frac{\alpha_{g,i}(t) - \alpha_{g,300}(t)}{\alpha_{g,300}(t)} \right| \tag{8.1}$$

und die Position der Phasengrenze nach 2 Stunden herangezogen. Beide Größen sind in Abbildung 8.1 dargestellt.

Wie zu erwarten war, nimmt die relative Abweichung des globalen Flüssigphasenanteils zwischen den Netzen mit zunehmender Feinheit ab. Während sie beim 100×100-Netz noch bei über 6 % liegt, beträgt die maximale Abweichung beim 200×200-Netz nur knapp über 1 %. Beim Ver-

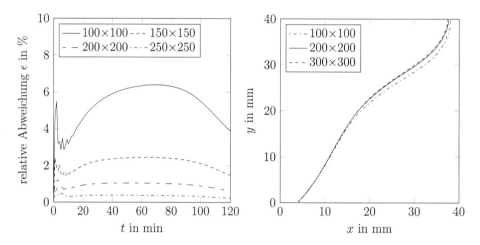

Abbildung 8.1: Links: Relative Abweichung des Flüssigphasenanteil bezogen auf das feinste Netz. Rechts: Phasengrenzen nach 2 h für die verschiedenen Netze.

gleich der Phasengrenzpositionen zeigt sich, dass die Abweichung zwischen den Netzen nicht gleichverteilt ist, sondern vor allem im oberen Teil der Kapsel auftritt. Allerdings ist auch bei der Position der Phasengrenzen der Unterschied zwischen dem 200×200- und 300×300-Netz sehr gering. Daher wird als Kompromiss zwischen Genauigkeit und Rechenzeit das 200×200-Netz für alle weiteren Simulationen verwendet.

Einfluss der Darcy-Konstanten

Die Darcy-Konstante stellt einen wichtigen numerischen Eingangsparameter bei der Simulation von Fest-flüssig-Phasenübergängen auf raumfesten Gittern dar. Ihr Wert entscheidet darüber, ab welchem Phasenanteil eine Zelle in der Impulsgleichung als fest angesehen wird. Darüber hinaus legt der Wert der Darcy-Konstanten fest, wie stark die Dämpfung in den als fest angesehen Zellen ist. Für isotherme Phasenwechsel sollte der Wert der Darcy-Konstanten so hoch gewählt werden, dass eine weitere Erhöhung keinen Einfluss auf das Ergebnis hat – gleichzeitig jedoch so

niedrig, dass der Lösungsalgorithmus stabil bleibt. Um den Einfluss der Darcy-Konstanten dar-
zulegen, werden fünf Simulationen mit ansteigendem Wert der Darcy-Konstanten durchgeführt.
Der niedrigste Wert beträgt 10^4 kg/(m³ s), der höchste 10^{12} kg/(m³ s). Wie bei der Netzunabhängigkeitsstudie wird auch hier die relative Abweichung des globalen Flüssigphasenanteils
dieser Simulationen miteinander verglichen:

$$\epsilon_i = \left| \frac{\alpha_{g,i} - \alpha_{g,Da12}}{\alpha_{g,Da12}} \right| . \tag{8.2}$$

Es zeigt sich, dass die relative Abweichung des globalen Flüssigphasenanteils nach 2 h mit einer Erhöhung des Exponenten der Darcy-Konstanten stetig abnimmt (Abb. 8.2). Während
die relative Abweichung bei einem Wert von 10^4 kg/(m³ s) ungefähr 1,5 % beträgt, ist die
relative Abweichung bei einer Darcy-Konstante von 10^{10} kg/(m³ s) auf unter 0,1 % abgesun-
ken. Die geringe Sensitivität der Ergebnisse auf den Wert der Darcy-Konstanten ist zunächst
überraschend. Ebrahimi et al. [35] zeigen allerdings, dass die Sensitivität mit feiner werdendem
Netz abnimmt. Weiterhin ist bei einem Wert der Darcy-Konstanten von 10^{10} kg/(m³ s) keinerlei Einfluss auf die Stabilität des Lösungsalgorithmus festzustellen. Da dieser Wert beide oben
genannten Bedingungen erfüllt, wird er für alle weiteren Simulationen verwendet.

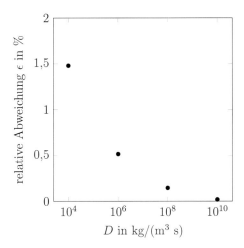

Abbildung 8.2: Relative Abweichung des globalen Flüssigphasenanteils bezogen auf die größte
untersuchte Darcy-Konstante.

8.2 Detaillierte Validierung

Für eine detaillierte Validierung werden die Ergebnisse der acht durchgeführten Aufschmelzexperimente den Ergebnissen einer Simulation mit temperaturabhängigen Stoffdaten gegenüber-

gestellt. Vergleichsgrößen sind der Flüssigphasenanteil, die Position der Phasengrenze, die Temperatur im Inneren der Kapsel, der Wärmestromverlauf sowie das Geschwindigkeitsfeld in der flüssigen Phase.

8.2.1 Flüssigphasenanteil und Position der Phasengrenze

In Abbildung 8.3 ist der globale Flüssigphasenanteil für die durchgeführten Versuchsreihen und die Simulation mit vollständig temperaturabhängigen Stoffdaten dargestellt. Generell ist eine gute Übereinstimmung zwischen Numerik und Experiment zu beobachten, wobei der Aufschmelzvorgang in der Simulation gegen Ende etwas schneller abläuft. In Zahlen ausgedrückt

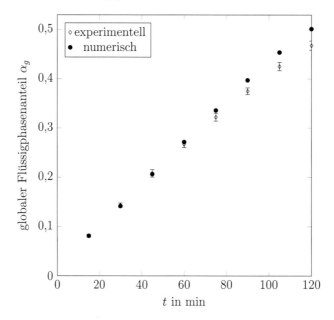

Abbildung 8.3: Globaler Flüssigphasenanteil in Abhängigkeit der Zeit für die Versuche und die Simulation mit temperaturabhängigen Stoffdaten.

bedeutet dies, dass der Mittelwert der gemessenen Flüssigphasenanteile nach 2 h 0,47 beträgt, wohingegen die Simulation einen Wert von 0,50 berechnet. Hauptverantwortlich für die über die Zeit größer werdende Diskrepanz zwischen Experiment und Simulation sind die mit der Zeit ansteigenden Wärmeverluste des Experiments. Dieser Anstieg erklärt sich durch die mit der Zeit größer werdende mittlere Temperatur der Kapsel. Wie bereits in Kapitel 6 erwähnt, summieren sich die Wärmeverluste nach 2 h zu 1,5 % der in der Kapsel gespeicherten latenten Enthalpie. Weitere Unsicherheitsfaktoren sind die zweidimensionale Annahme der Simulation und die, trotz der Stoffdatensammlung, weiterhin unsicheren Eingangsparameter der Simulation. Auffällig sind die kleinen Konfidenzintervalle der experimentellen Daten. Diese belegen die gute Reproduzierbarkeit der Experimente.

Betrachtet man die Phasengrenze (Abb. 8.4), ist die für Aufschmelzversuche typische Neigung deutlich sichtbar. Der Grund dafür ist die natürliche Konvektion in der flüssigen Phase, welche erhitztes PCM von der linken, beheizten Kapselwand zur oberen Phasengrenze transportiert und dort die lokale Schmelzrate deutlich erhöht. Das schnellere Aufschmelzen in der Simulation spiegelt sich bei den Positionen der Phasengrenzen dadurch wider, dass die numerische Phasengrenze mit fortschreitender Zeit im oberen Bereich der Kapsel näher an der kalten Wand ist als die experimentell bestimmte Phasengrenze. Weiterhin ist ein Knick im unteren Bereich der experimentell bestimmten Phasengrenzen sichtbar. Dieser entsteht durch einen parasitären Wärmestrom, welcher durch die untere Plexiglaswand der Zelle in das PCM fließt. Dieser Wärmestrom ist ein bekanntes Problem bei der Durchführung von Schmelzexperimenten mit schlecht leitenden PCM [46, 50]. Durch die Verwendung einer sehr dünnen Plexiglasplatte konnte dieser unerwünschte Wärmestrom im Vergleich zu anderen Aufschmelzversuchen deutlich reduziert werden. In der numerischen Lösung ist dieser Knick nicht vorhanden, da das Plexiglas in den Simulationen unberücksichtigt bleibt und eine adiabate Randbedingungen angenommen wird.

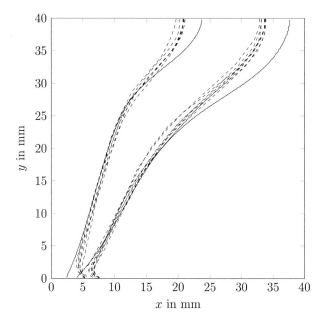

Abbildung 8.4: Phasengrenzen nach 1 h und 2 h für die Versuche (gestrichelte Linien) und die Simulation (durchgezogene Linie).

8.2.2 Temperatur im Inneren der Versuchskapsel

Die Temperatur im Inneren der Versuchskapsel wird durch fünf ins PCM eingebrachte Thermoelemente gemessen. Drei Messstellen befinden sich auf einer horizontalen Linie im oberen Bereich der Kapsel (T_{o1}, T_{o2}, T_{o3}) und zwei Messstellen auf einer horizontalen Linie im unteren Bereich (T_{u1}, T_{u2}). An diesen Positionen wird auch die numerisch bestimmte Temperatur ausgelesen. Um die Auswirkung von eventuellen Positionsabweichungen der Thermoelemente auf die Temperaturmessungen sichtbar zu machen, ist das numerische Ergebnis von einem Bereich umrahmt, der das Minimum bzw. das Maximum von vier Punkten darstellt, die das Thermoelement mit einem Abstand von 0,5 mm umgeben. Der grundsätzliche Verlauf der Temperaturen über die Zeit ist für das Experiment und die Numerik derselbe und wird im Folgenden erläutert. An allem Temperaturmessstellen ist zu Beginn ein starker Temperaturanstieg zu beobachten (Abb. 8.5). Der Anstieg fällt umso stärker aus, je näher die Messstelle an der warmen Wand ist. Während der Schmelzprozess von der Wärmeleitung dominiert wird, unterscheiden sich

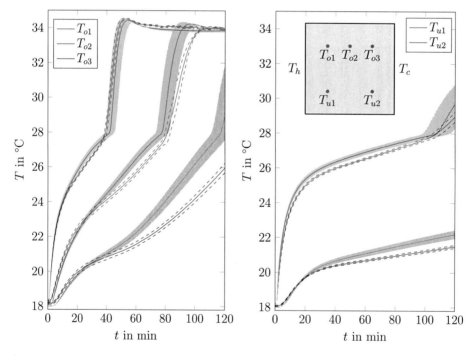

Abbildung 8.5: Experimentell gemessene und numerisch bestimmte Temperatur als Funktion der Zeit. Die experimentell gemessene Temperatur ist von ihrem 95 %-Konfidenzintervall umgeben (gestrichelt). Die numerisch bestimmte Temperatur ist von einem Unsicherheitsbereich umgeben, der eine Positionsabweichung von 0,5 mm widerspiegelt (gefärbte Fläche). Wegen eines Sensorfehlers sind für das mittlere obere Thermoelement T_{o2} nur sechs Versuche auswertbar.

die Messwerte der Thermoelemente auf unterschiedlichen Ebenen mit gleichem horizontalen Abstand zu den seitlichen Wänden nicht. Sobald allerdings der Schmelzprozess in der Kapsel konvektionsdominiert ist, verhalten sich die Temperaturen auf den unterschiedlichen Ebenen vollkommen unterschiedlich. Während das obere linke Thermoelement T_{o1} nach etwa 40 Minuten einen Phasenwechsel anzeigt, ist dies beim unteren linken T_{u1} erst nach mehr als 100 Minuten der Fall. Ein Phasenwechsel an einem Thermoelement lässt sich leicht durch einen daran anschließenden steilen Anstieg der Temperatur in kurzer Zeit erkennen. Der Grund dafür ist die warme Konvektionsströmung, die die Thermoelemente umgibt, sobald das feste Octadecan geschmolzen ist. Zur besseren Einordnung der Temperaturmessungen an den fünf Punkten ist in Abbildung 8.6 das numerisch bestimmte Temperaturfeld an vier verschiedenen Zeitpunkten

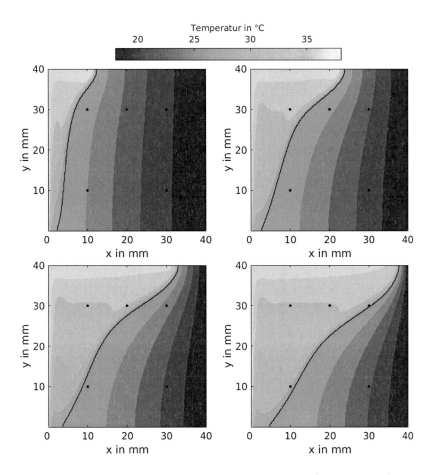

Abbildung 8.6: Numerisch bestimmtes Temperaturfeld nach 1/2 h, 1 h, 1 1/2 h und 2 h. Die Phasengrenze ist als schwarze Linie dargestellt.

dargestellt. Es ist deutlich zu erkennen, dass das Temperaturfeld im Feststoff nach einer hal-
ben Stunde noch nahezu eindimensional ist. Je weiter der Schmelzprozess fortschreitet, desto
verzerrter wird das Temperaturfeld. Weiterhin lässt sich mit Blick auf das Temperaturfeld im
Flüssigen erklären, wieso die gemessene Temperatur der oberen beiden Thermoelemente von
etwas über 34 °C auf leicht unter 34 °C nach dem Phasenwechsel absinkt. Die den Feststoff
entlang fließende Strömung ist auf gleicher Höhe etwas wärmer als das ruhende PCM in der
Mitte des Konvektionswirbels. Bezüglich der zu Beginn angesprochenen Unsicherheit bei der
Positionieren der Thermoelemente zeigt sich, dass insbesondere wenn das PCM, das das Thermoelement umgibt, den Phasenwechsel soeben durchlaufen hat, die Positionierung einen sehr
großen Einfluss auf die Temperaturmessung hat. Im Gegensatz dazu ist die Temperaturmessung
unempfindlich auf kleine Positionsschwankungen, sobald das Thermoelement die Temperaturgrenzschicht verlassen hat.

Die aus den nichtinvasiven Messtechniken gewonnenen Erkenntnisse hinsichtlich der Übereinstimmung zwischen Experiment und Simulation werden durch die im PCM eingebrachten Thermoelemente bestätigt. Bis zur Hälfte des Schmelzvorgangs ist auch bei den Temperaturen in der
Kapsel die Übereinstimmung zwischen Experiment und Simulation sehr hoch. Mit zunehmender
Zeit nehmen jedoch die Wärmeverluste zu. Die gemessenen Temperaturen sind nach 20 Minuten
nahezu durchgängig niedriger als die numerischen Werte. Vor allem im oberen (T_{o3}) und unteren rechten Thermoelement (T_{u2}) werden Unterschiede zwischen Experiment und Simulation
sichtbar. Diese Unterschiede können nicht durch eventuell vorhandene Positionsabweichungen
der Thermoelemente erklärt werden. In beiden Fällen ist die gemessene Temperatur niedriger, oben rechts beträgt der Unterschied nach 2 h 2,9 K, unten rechts 0,7 K. Dies bestätigt die
im vorherigen Abschnitt getätigte Aussage, dass die Abweichungen zwischen Simulation und
Experiment nicht gleichverteilt in der Kapsel auftreten. Der große Unterschied zwischen der
gemessenen und der berechneten Temperatur am Thermoelement T_{o3} kommt unter anderem
dadurch zustande, dass in der Simulation der Phasenwechsel an diesem Punkt bereits erfolgt
ist. Es ist zu erwarten, dass die Differenz zwischen dem numerischen und dem experimentellen Wert der Temperatur wieder abnimmt, sobald auch im Experiment der Phasenwechsel an
diesem Punkt durchlaufen wurde.

8.2.3 Wärmestromverlauf

Zwei weitere Vergleichsgrößen zwischen Versuch und Simulation sind der Wärmestrom der heißen Seite und sein Gegenstück auf der kalten Seite. Der Wärmestrom der heißen Seite fließt in
die Kapsel, der Wärmestrom der kalten Seite aus der Kapsel.

Sowohl im Experiment als auch in der Simulation ist der Wärmestrom, der zu Beginn von der
heißen Platte in die Kapsel fließt, sehr hoch und sinkt dann rapide ab (Abb. 8.7). Im Gegensatz
zur Simulation haben die experimentellen Werte während des Absinkens zwei lokale Maxima.

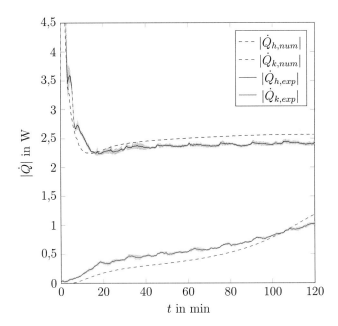

Abbildung 8.7: Betrag des Wärmestroms über der Zeit. Die durchgezogenen Linien sind die Mittelwerte der acht durchgeführten Versuche. Der schattierte Bereich ist deren 95 %-Konfidenzintervall. Die numerischen Werte sind gestrichelt dargestellt.

Diese beiden lokalen Maxima hängen direkt mit der Schwierigkeit zusammen, die Kupferplatte augenblicklich auf 37,98 °C aufzuheizen und entstehen aufgrund des Regelmechanismus des Thermostats. Weiterhin fällt auf, dass der numerisch bestimmte Wärmestrom nach etwa 15 min ein Minimum durchläuft. Dieses ist bei den experimentellen Werten höchstens angedeutet. Für den Rest des Versuchs verbleibt der Wärmestrom auf einen Plateau. Hier ist der experimentelle Wärmestrom etwa 5 % geringer als der numerische. Außerdem sind kleine lokale Maxima im experimentellen bestimmten Verlauf des Wärmestroms zu erkennen. Diese entstehen dadurch, dass die Front-Dämmung alle 15 min entfernt wurde, um die für die Auswertung der Phasengrenze und des Geschwindigkeitsfelds benötigten Bilder aufzunehmen.

Auch beim Wärmestrom der kalten Seite ist der grundsätzliche Verlauf zwischen experimentellen und numerischen Daten gleich. Der Wärmestrom ist zu Beginn sehr gering und steigt mit zunehmender Versuchsdauer an. Allerdings zeigt sich hier ein Versatz zwischen den experimentellen und numerischen Werten. Dieser kommt dadurch zu Stande, dass Wärme von der heißen Platte über die Plexiglaswand und die Dämmung in die kalte Platte fließt. Trotz dieses Phänomens ist der numerische Wärmestrom nach 2 h Versuchsdauer größer als der experimentelle. Der Grund dafür ist, dass die Phasengrenze bei den Simulationen mit zunehmender Versuchsdauer näher an der kalten Wand ist als im Experiment.

8.2.4 Geschwindigkeitsfeld

Das Strömungsfeld in der Kapsel ist ein durch Auftriebskräfte getriebener, im Uhrzeigersinn drehender Wirbel. Die Auftriebskräfte entstehen durch Dichteunterschiede im Fluid. An der linken Wand erwärmt sich das Fluid, folglich sinkt die Dichte und es steigt auf. Nachdem es an der Kapseloberseite entlang geflossen ist, gibt das erwärmte Fluid seine thermische Energie im oberen Bereich der Phasengrenze ab. Dadurch wird dort lokal die Schmelzrate erhöht. Darüber hinaus kühlt sich das Fluid ab und seine Dichte nimmt zu. Das Fluid erfährt eine Beschleunigung in negative y-Richtung, sinkt ab, fließt an der unteren adiabaten Wand entlang und kann erneut an der warmen Wand aufsteigen.

Die höchsten Geschwindigkeiten des Wirbels treten an der linken Wand und an der Phasengrenze auf. Die Flüssigkeit innerhalb des Wirbels ist in Ruhe. Octadecan hat eine Prandtl-Zahl größer eins. Daher ist die Temperaturgrenzschicht dünner als die Geschwindigkeitsgrenzschicht. Die Auftriebskräfte wirken somit nicht über die gesamte Geschwindigkeitsgrenzschicht. Außerhalb der Temperaturgrenzsicht, aber immer noch innerhalb der Geschwindigkeitsgrenzschicht, sind die Reibungskräfte mit den Trägheitskräften im Gleichgewicht. In diesem Bereich wird das Fluid mitgezogen. Als Folge dessen ist das horizontale Geschwindigkeitsprofil asymmetrisch, d. h. die Geschwindigkeit steigt vom Rand her schneller an als sie zum ruhenden Fluid hin abfällt (Abb. 8.8).

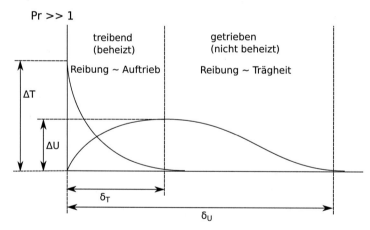

Abbildung 8.8: Horizontales Geschwindigkeitsprofil einer Grenzschichtströmungen an einer beheizten vertikalen Wand. Nach Bejan [110].

Ein Vergleich zwischen dem mit der Particle Image Velocimetry gemessenen und dem durch die Simulation erhaltenen Geschwindigkeitsfeld zeigt eine hohe Übereinstimmung (Abb. 8.9). Nach 2 h beträgt die maximale Geschwindigkeit der PIV Messung 2,26 mm/s, die der Simulation 2,11 mm/s. Der größte sichtbare Unterschied zwischen Experiment und Simulation liegt darin, dass das berechnete Geschwindigkeitsfeld gleichmäßiger ist. Besonders an der linken unteren

Ecke der Kapsel nimmt die Qualität der PIV-Auswertung ab. Dies liegt am dort vorherrschenden hohen Temperaturgradienten, der hohe Dichtegradienten und damit hohe Brechungsindexgradienten nach sich zieht. Darüber hinaus ist auch die oben beschriebene Asymmetrie des

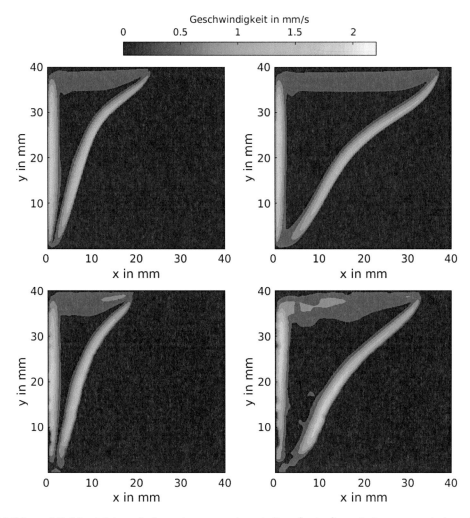

Abbildung 8.9: Vergleich zwischen dem experimentellen (unten) und dem numerischen Geschwindigkeitsfeld (oben) nach 1 h (links) und 2 h (rechts).

Geschwindigkeitsprofils zu erkennen. Etwas besser als im Konturdiagramm lässt sich das Geschwindigkeitsprofil in der Vektordarstellung ausmachen (Abb. 8.10 und Abb. 8.11). Außerdem gibt es einen guten Eindruck über die räumliche Auflösung der Daten.

Im Folgenden werden verschiedene Ursachen für die Abweichungen zwischen dem mithilfe von PIV gemessenen und dem realen Geschwindigkeitsfeld diskutiert. Dabei werden die Abweichun-

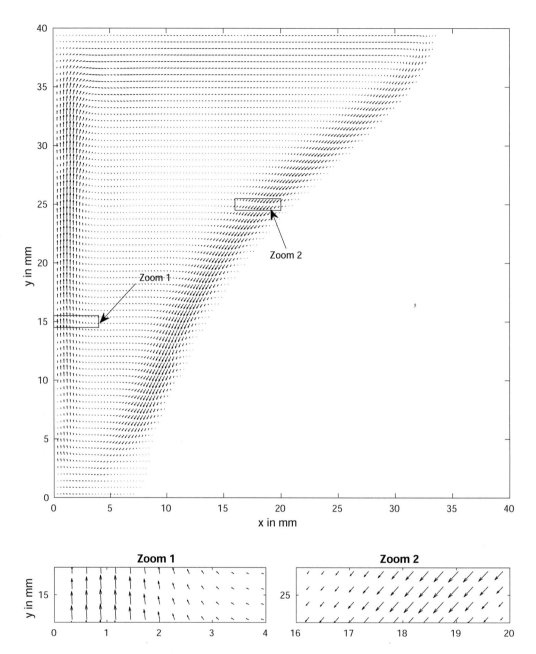

Abbildung 8.10: Experimentell bestimmtes Geschwindigkeitsfeld nach 2 h. Es wird nur jeder zweite Vektor in y-Richtung dargestellt. Die beiden Vergrößerungsbereiche zeigen die tatsächliche räumliche Auflösung.

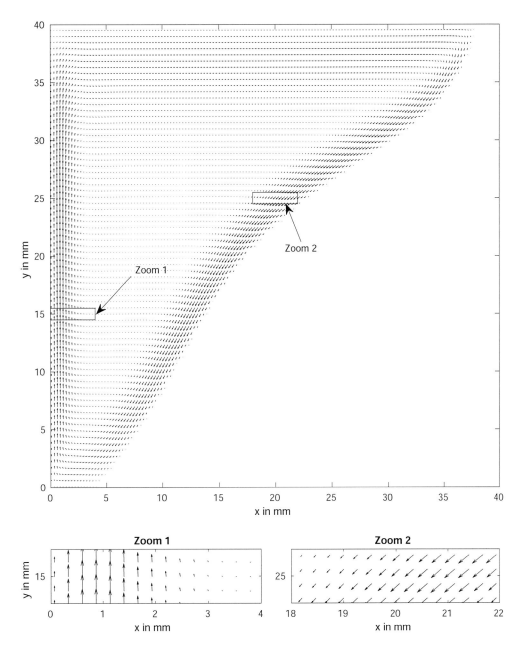

Abbildung 8.11: Numerisch bestimmtes Geschwindigkeitsfeld nach 2 h. Die räumliche Auflösung wurde an die experimentellen Daten angeglichen.

gen durch den Partikelschlupf, die Kalibrierungsunsicherheit und den Einfluss des variablen Brechungsindexfelds abgeschätzt.

Die Erdbeschleunigung und der Dichteunterschied zwischen den Partikeln und dem Fluid führt zu einem Absinken der Partikel. Die Absinkgeschwindigkeit kann für kleine Partikel-Reynoldszahlen nach dem Stokesschen Gesetz berechnet werden:

$$U_{ab} = d_p^2 \cdot \frac{\rho_p - \rho_l}{18\eta} \cdot |\vec{g}| = 0,04 \, \text{mm/s}. \tag{8.3}$$

Mit einem Partikeldurchmesser von 35 µm und einer maximalen Geschwindigkeit von 2,26 mm/s ist das Reynoldszahlkriterium erfüllt ($Re = (\rho_l \cdot U \cdot d_p)/\eta = 0,017 \ll 1$). Die Geschwindigkeitsverzögerung eines Partikels aufgrund der Beschleunigung des Fluid ist sehr klein und wird daher vernachlässigt.

Verzerrungseffekte durch die Kameralinsen sind nach Adrian und Westerweel [86] in den meisten Fällen vernachlässigbar und werden daher nicht berücksichtigt. Weiterhin wird die Umrechnung von Pixeln auf eine physikalische Länge anhand einer Referenzdistanz durchgeführt. Bei einer angenommenen Unsicherheit von 30 Pixeln beträgt die Geschwindigkeitsabweichung 0,03 mm/s. Die Abschätzung der Positions- und Geschwindigkeitsabweichung durch den inhomogenen Brechungsindex erfolgt unter Zuhilfenahme des numerisch bestimmten Temperaturfelds und der in Wang et al. [111] bestimmten Abhängigkeit des Brechungsindex von Octadecan von der Temperatur. Nach Gleichung 4.26 ergibt sich eine durchschnittliche Verschiebung der Partikel, welche sich in den Auswertefenstern direkt neben der heißen Wand befinden, von 0,10 mm. Die Verschiebung bezieht sich dabei auf die wahre Position der Partikel in der Laserebene und die Position der Partikel im Rohbild. Diese durchschnittliche Verschiebung ist eine vereinfachende Betrachtung. Im Allgemeinen ist die Verschiebung nichtlinear. Abbilder von Partikeln, die sehr nahe an der heißen Kupferplatte sind, werden stärker verschoben als Abbilder von Partikeln, die zwar immer noch in der Temperaturgrenzschicht, aber weiter von der heißen Platte entfernt sind. Das gleiche gilt für die kalte Seite der Versuchskapsel. Für die Abweichung in der Geschwindigkeit ergibt sich nach Gleichung 4.27 ein Wert von 0,19 mm/s. Auch dieser Wert wurde für die Auswertefenster nahe der heißen Platte berechnet. Daher ist die so bestimmte Geschwindigkeitsabweichung ein Höchstwert, der nur innerhalb der Temperaturgrenzschicht erreicht wird.

Insgesamt ergibt sich eine maximale Geschwindigkeitsabweichung von ±0,26 mm/s. Da dieser Wert vor allem aufgrund des inhomogenen Brechungsindexfelds zu Stande kommt, ist die Abweichung in Bereichen mit kleinen Temperaturgradienten deutlich geringer. Dies gilt z. B. für den Bereich der Geschwindigkeitsgrenzschicht, der sich außerhalb der Temperaturgrenzschicht befindet.

8.3 Kombinierte Unsicherheits- und Sensitivitätsanalyse

In diesem Abschnitt werden die Ergebnisse der in dieser Arbeit durchgeführten kombinierten Unsicherheits- und Sensitivitätsanalysen gezeigt. Begonnen wird mit den Ergebnissen der Analyse mit den Spannweiten der Stoffwerte als Minimal- und Maximalwerte des Parameterraums.

8.3.1 Spannweite der Parameter als Eingangsgrößen

Wie bereits in Kapitel 7 erwähnt imitiert die Analyse mit den Spannweiten der Stoffwerte als Minimal- und Maximalwerte die heutzutage gängige Vorgehensweise bei der Validierung von Modellen zur Simulation von Fest-flüssig-Phasenübergängen. Eine anschauliche Darstellung der Unsicherheit, die durch diese Vorgehensweise entsteht, ist durch die Häufigkeitsverteilung des globalen Flüssigphasenanteils der 546 durchgeführten Simulationen gegeben (Abb. 8.12). Es

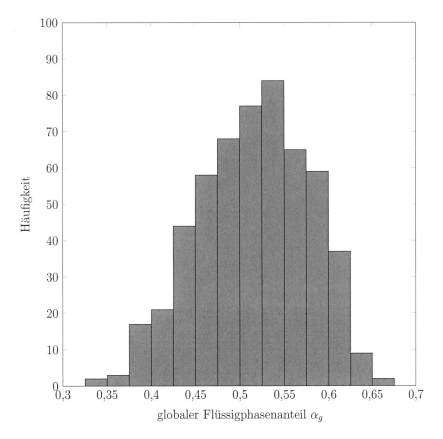

Abbildung 8.12: Häufigkeitsverteilung des globalen Flüssigphasenanteils nach 2 h mit den Spannweiten der Stoffwerte als Minimal- und Maximalwerte.

fällt auf, dass die Form der Häufigkeitsverteilung stark der einer Glockenkurve ähnelt. Darüber hinaus zeigt sich beim Blick auf die x-Achse, dass die Häufigkeitsverteilung sehr breit ist, also eine große Unsicherheit vorherrscht. In Zahlen ausgedrückt bedeutet dies, dass der globale Flüssigphasenanteil nach 2 h von 0,343 bis 0,651 schwankt, wobei der Mittelwert der Simulationen 0,516 beträgt. Dies ist gleichbedeutend mit einer Schwankungsbreite von ungefähr ±30 %. Die Sortierung der Eingangsparameter nach ihrer Wichtigkeit, d. h. die Auswertung des Betragsmittelwertes eines EE über alle Trajektorien μ^*, zeigt, dass der Schmelzpunkt mit Abstand für die meiste Unsicherheit verantwortlich ist (Abb. 8.13). Danach folgen die Wärmeleitfähigkeiten der flüssigen und der festen Phasen, sowie die Schmelzenthalpie. Eher unwichtig sind die Temperaturen der warmen und kalten Wand. Der Einfluss der Starttemperatur ist der geringste aller Eingangsparameter. Aufgrund der sehr breiten Häufigkeitsverteilung stellen sich allerdings folgende Fragen: Wie aussagekräftig sind die Ergebnisse der Analyse mit den Spannweiten als Eingangsparameter? Sind die Simulationen tatsächlich so beliebig? Ist der Schmelzpunkt der Stoffwert mit dem größten Einfluss?

Dass der Schmelzpunkt nicht der einflussreichste Parameter ist, wird erst anhand der folgenden kombinierten Unsicherheits- und Sensitivitätsanalysen mit den Stoffwerten am Rand und in der Mitte der Konfidenzintervalle als Eingangsparameter deutlich. Dass aber das Ergebnis der ersten Analyse bezogen auf die tatsächlich vorliegende Unsicherheit wenig aussagekräftig ist, lässt sich bereits jetzt sagen. Der Grund dafür ist die Auswahl der Stoffdaten. Es gibt

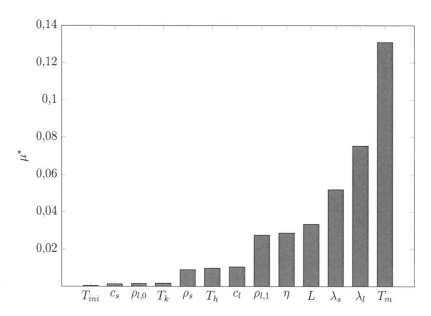

Abbildung 8.13: Einfluss der Eingangsgrößen auf den globalen Flüssigphasenanteil nach 2 h mit den Spannweiten der Stoffwerte als Minimal- und Maximalwerte.

zwar für die gesamte Spannweite der Stoffwerte Literaturstellen und augenscheinlich falsch gemessene Werte wurden bereits entfernt (siehe Kapitel 7), trotzdem reicht es für eine sinnvolle Validierung und auch für eine sinnvolle Untersuchung der Unsicherheit nicht aus, einen Wert aus den vielen Einzelmessungen der Stoffwerte herauszugreifen. Obwohl dieses Vorgehen dem Standard bei der Validierung von Modellen zur Simulation von Fest-flüssig-Phasenübergängen entspricht und es nur wenige Ausnahmen hiervon gibt, ist es wenig sinnvoll. Dies wird deutlich, wenn man davon ausgeht, dass die Einzelmessungen normalverteilt sind, was für physikalisch-technische Messgrößen meist zutrifft. In diesem Fall steigt mit größer werdender Anzahl der Einzelmessungen die Wahrscheinlichkeit, dass ein Wert, der weit vom „wahrem" Wert entfernt ist, gemessen wird. Statisch ausgedrückt bedeutet dies, dass die Spannweite der statistischen Probe mit größerer Messwerteanzahl breiter wird. Im Gegensatz dazu wird das Konfidenzintervall, welches den Mittelwert umgibt, mit zunehmender Anzahl der Messungen schmaler. Für die Simulation von Fest-flüssig-Phasenwechseln folgt daraus, dass sich durch eine in den vergangenen Jahren immer größer werdende Messanzahl der meisten Stoffwerte die (gefühlte) Unsicherheit der Validierung erhöht hat, da mehr extreme Einzelmesswerte als Eingangsparameter für die Simulation zur Verfügung standen. Eine Ausnahme ist die Feststoffdichte. Diese wurde nur sehr selten gemessen. Daher ist bei diesem Stoffwert die Spannweite der Messwerte kleiner als das 95 %-Konfidenzintervall und sein Einfluss wird unterschätzt.

Gleiche Ergebnisse bei unterschiedlichen Parametern

Ein weiteres Problem der heutzutage gängigen Vorgehensweise bei der Validierung besteht darin, dass mehrere Punkte im Parameterraum, d. h. verschiedene Kombinationen der Eingangsparameter, denselben globalen Flüssigphasenanteil ergeben können. Werden also die Stoffwerte aus der Literatur so ausgewählt, dass der numerisch und der experimentell bestimmte globale Flüssigphasenanteil gut übereinstimmen, ist nicht garantiert, dass die Auswahl eindeutig ist. Diese uneindeutige Auswahl kann dazu führen, dass die Validierung scheinbar erfolgreich war. Wird das Modell dann allerdings für eine Vorhersage eines Schmelzprozesses in einer anderen Geometrie mit anderen Randbedingungen etc. verwendet, könnte die Vorhersage wertlos sein. Beispielhaft wird dies im Folgenden für zwei Punkte im Parameterraum dargelegt, die sich im Wert aller Eingangsparameter, außer der Temperatur der warmen Wand, unterscheiden. Der Einfachheit halber werden die Punkte A und B genannt (Tab. 8.1). Obwohl sich die Punkte in

Tabelle 8.1: Gleicher Wert des globalen Flüssigphasenanteils an zwei verschiedenen Punkten im Parameterraum. Die anderen Werte unterscheiden sich deutlich.

Punkt	α	U_{max} in mm/s	$\dot{Q}_h$ in W	$\dot{Q}_k$ in W
A	0.5161	2,23	2,70	-1,52
B	0.5161	1,90	2,26	-0,84

fast allen Eingangsparametern unterscheiden, ergibt sich für beide Fälle nach 2 h ein globaler Flüssigphasenanteil von 0.5161. Auch der Verlauf der Phasengrenzen, der oftmals als zweiter Vergleichsparameter herangezogen wird, zeigt nur kleinere Unterschiede (Abb. 8.14). Andere Parameter, wie die maximale Geschwindigkeit und die Wärmeströme durch die warme und kalte Wand, unterscheiden sich jedoch deutlich. Dies unterstreicht, dass eine sorgfältige Validierung mehrere Zielgrößen umfassen sollte. Der Grund für denselben globalen Flüssigphasenanteil bei

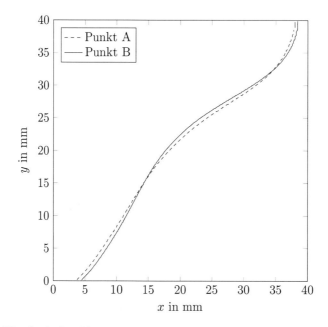

Abbildung 8.14: Vergleich der Phasengrenzen für zwei Punkte des Parameterraums A und B nach 2 h. Trotz sehr unterschiedlicher Werte der Eingangsparameter ist der Verlauf nahezu identisch.

unterschiedlichen Werten der Eingangsparametern ist, dass sich die Parameter in ihrem Einfluss auf den Flüssigphasenanteil gegenseitig aufheben können. Ein niedrigerer Schmelzpunkt führt z. B. zu einem beschleunigten Aufschmelzen, was von einer höheren Schmelzenthalpie kompensiert werden könnte.

Positionen der Phasengrenze entlang einer Trajektorie

Neben dem globalen Flüssigphasenanteil wird auch die Position der Phasengrenze sehr oft zur Validierung von Modellen zur Simulation von Fest-flüssig-Phasenwechseln herangezogen. Es liegt daher nahe, die Auswirkungen, die eine Veränderung eines Eingangsparameter auf den Verlauf der Phasengrenze hat, aufzuzeigen. In Abbildung 8.15 sind einige Phasengrenzverläufe nach 1 h und 2 h Versuchszeit dargestellt. Diese wurden beim Laufen entlang einer zufällig ausgewählten Trajektorie erzeugt. Somit wurde bei der Erstellung jedes Graphen stets nur der dort genannte Eingangsparameter mit einer Schrittweite von 2/3 verändert. Zu beachten ist, dass für eine andere Trajektorie die Änderung in den Phasengrenzverläufen nicht genau gleich der hier gezeigten ist. Der Grund dafür ist, dass die Auswirkung, die eine veränderte Eingangsgröße auf den Phasengrenzverlauf hat, von den unveränderten Eingangsgrößen abhängt.

Zunächst fällt auf, dass die Eingangsgrößen den Phasengrenzverlauf unterschiedlich stark beeinflussen und die Veränderung im Allgemeinen nichtlinear ist. Nach den Ergebnissen der Sensitivitätsanalyse, welche am Anfang des Abschnitts gezeigt wurden (Abb. 8.13), ist die unterschiedlich starke Beeinflussung nicht überraschend. Der globale Flüssigphasenanteil wird schließlich aus der Position der Phasengrenze berechnet. Deutlich interessanter ist die nichtlineare Veränderung des Phasengrenzverlaufs. Nach 1 h ist beim thermischen Ausdehnungskoeffizient, der Viskosität, der Schmelzenthalpie, der Wärmeleitfähigkeit im Flüssigen und dem Schmelzpunkt die größte Änderung in der Position der Phasengrenze direkt an der oberen adiabaten Wand zu beobachten. Im Gegensatz dazu ist nach 2 h die maximale Veränderung bei allen Größen außer dem thermischen Ausdehnungskoeffizient deutlich darunter angesiedelt. Der Grund dafür ist die Wärmeleitung im Feststoff. Diese wird umso stärker, je näher die Phasengrenze an der kalten Wand ist. Ab einem bestimmten Zeitpunkt ist der Wärmestrom, der durch die Konvektion zum oberen Bereich der Phasengrenze transportiert wird, mit dem Wärmestrom der kalten Seite im Gleichgewicht und die lokale Schmelzrate ist null. Wie nahe die Phasengrenze der kalten Wand kommt, hängt somit stark von der Wärmeleitfähigkeit im Festen ab. Während also der Einfluss der eben genannten Größen auf den oberen Bereich der Phasengrenze mit der Zeit abnimmt, nimmt der Einfluss der Wärmeleitfähigkeit im Festen auf diesen Bereich zu.

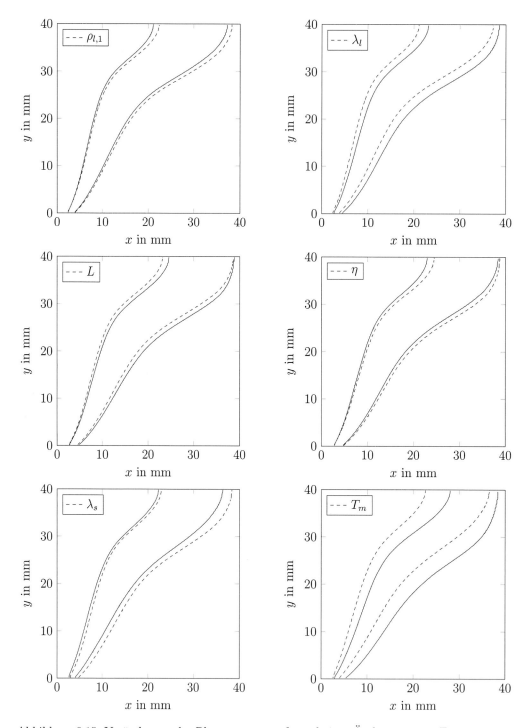

Abbildung 8.15: Veränderung der Phasengrenze aufgrund einer Änderung eines Eingangsparameters nach 1 h und 2 h.

8.3.2 Konfidenzintervalle der Parameter als Eingangsgrößen

Nachdem erläutert wurde, wieso die erste kombinierte Unsicherheits- und Sensitivitätsanalyse die tatsächlich vorliegende Unsicherheit deutlich überschätzt und das gängige Vorgehen bei der Validierung von Modellen zur Simulation von Fest-flüssig-Phasenwechseln wenig aussagekräftig ist, werden in diesem Abschnitt die Ergebnisse der Analyse mit den Stoffwerten am Rand und in der Mitte der Konfidenzintervalle als Eingangsgrößen dargelegt. Die Ergebnisse dieser Analyse stellen die tatsächlich vorliegende Unsicherheit bei der Simulation von Fest-flüssig-Phasenwechseln deutlich besser dar.

Zunächst wird auf die Häufigkeitsverteilung der Analyse mit den Stoffwerten am Rand der Konfidenzintervallen als Parameterraum eingegangen (Abb. 8.16). Zur Erinnerung sei hier nochmals erwähnt, dass bei diesem Vorgehen die Temperaturabhängigkeit und die Unsicherheit der Stoffdaten zu einer gemeinsamen Unsicherheit zusammengefasst werden. Es handelt sich also um

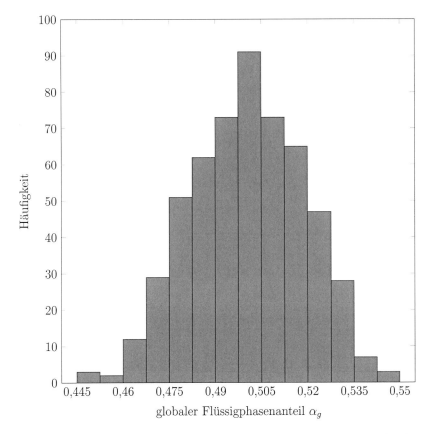

Abbildung 8.16: Häufigkeitsverteilung des globalen Flüssigphasenanteils nach 2 h mit den 95%-Konfidenzintervallen der Stoffwerte als Minimal- und Maximalwerte.

eine Art maximale, statistisch begründbare Unsicherheit in den Eingangsparametern. Trotzdem wird beim Blick auf die Skalierung der Abszisse sofort ersichtlich, dass die Häufigkeitsverteilung deutlich schmaler ist als die, die mit den Spannweiten als Eingangsparameter erzeugt wurde. In Zahlen ausgedrückt bedeutet dies, dass der minimale Wert des Flüssigphasenanteils nach 2 h Versuchsdauer 0,448 und der maximale 0,548 beträgt. Im Vergleich dazu ist der minimale Werte bei den Spannweiten als Eingangsparameter mit 0,343 deutlich kleiner und der maximale mit 0,651 deutlich größer. Der Mittelwert des Flüssigphasenanteils ist mit 0,500 kleiner als im vorherigen Abschnitt. Die Schwankungsbreite der Ergebnisse ist ungefähr $\pm 10\,\%$ und beträgt damit ein Drittel des Wertes aus dem vorherigen Abschnitt.

Betrachtet man den Einfluss der einzelnen Parameter auf den globalen Flüssigphasenanteil, spiegelt sich die deutlich geringe Unsicherheit in den Werten von μ^* wider. Sie sind deutlich kleiner als noch bei der ersten Analyse (Abb. 8.17). So hat sich z. B. der Wert von μ^*

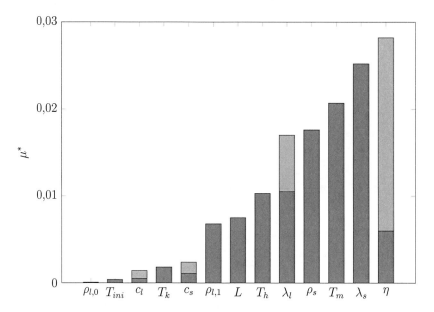

Abbildung 8.17: Einfluss der Eingangsgrößen auf den globalen Flüssigphasenanteil nach 2 h mit den Stoffwerten am Rand und in der Mitte der Konfidenzintervalle als Eingangsgrößen.

des Schmelzpunktes auf ein Siebtel reduziert. Weiterhin ergibt sich eine andere Reihenfolge in der Wichtigkeit der Eingangsparameter. Der Parameter mit dem größten Einfluss auf den globalen Flüssigphasenanteil nach 2 h ist die Viskosität, gefolgt von der Wärmeleitfähigkeit im Festen, dem Schmelzpunkt, der Feststoffdichte und der Wärmeleitfähigkeit im Flüssigen. Wenig Einfluss haben die beiden Wärmekapazitäten, die Temperatur der kalten Wand, die Initialtemperatur und der y-Achsenabschnitt der flüssigen Dichte. Der Grund für den hohen Einfluss der

Viskosität ist ihre starke Abhängigkeit von der Temperatur. Implementiert man die Stoffdaten temperaturabhängig, sinkt der Einfluss der Viskosität deutlich. Mithilfe der Methode der
Elementary Effects lässt sich allerdings die Temperaturabhängigkeit nicht direkt untersuchen.
Daher wird eine dritte kombinierte Unsicherheits- und Sensitivitätsanalyse durchgeführt, die
nur die Unsicherheit der Stoffwerte bei der Mitteltemperatur betrachtet. Die Abnahme von μ^*,
die dadurch entsteht, ist in in Abbildung 8.17 durch den hellgrau eingefärbten Bereich dargestellt. Für Werte, die entweder keine Temperaturabhängigkeit besitzen oder bei denen diese
nicht mit statischen Signifikanz nachgewiesen werden konnte, ändert sich μ^* nicht. Betrachtet
man nur die Unsicherheit in den Stoffwerten, sind die Wärmeleitfähigkeit im Festen, gefolgt
vom Schmelzpunkt und der Feststoffdichte, die einflussreichsten Parameter. Parameter, die vorher unwichtig waren, bleiben unwichtig. Weiterhin wird die Häufigkeitsverteilung des globalen
Flüssigphasenanteils schmaler, da die Eingangsparameter weniger schwanken (Abb. 8.18). Der

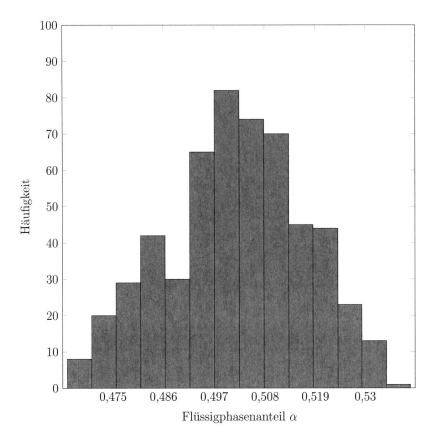

Abbildung 8.18: Häufigkeitsverteilung des globalen Flüssigphasenanteils nach 2 h mit den Werten der Konfidenzintervalle an der Mitteltemperatur als Minimal- und Maximalwerte.

minimale Wert des globalen Flüssigphasenanteils nach 2 h ist 0,465 und der Maximale 0,538. Welche der beiden Analysen spiegelt nun die tatsächlich vorliegende Unsicherheit besser wider? Die Antwort darauf hängt davon ab, ob die Temperaturabhängigkeit der Stoffwerte im Modell durch eine funktionale Abhängigkeit eingebunden ist. Wenn ja, dann ist es die Analyse mit den Mittelwerten als Eingangsparameter. Einen Eindruck über die zeitliche Entwicklung der Unsicherheit des globalen Flüssigphasenanteils gibt Abbildung 8.19. In den blau markierten Bereich fallen 90 % der berechneten Werte für die Analyse mit den Stoffwerten in der Mitte der Konfidenzintervalle (Index M). Der rote Bereiche überlappt den blauen und stellt das 90 %-Intervall der Analyse mit den Stoffwerten am Rand der Konfidenzintervalle dar (Index R). Aufgrund der unterschiedlichen Eingangsparameter der beiden Analysen gibt es auch zwei Linien für den Mittelwert der Simulationen. Es ist deutlich zu sehen, dass mit größer werdendem globalen Flüssigphasenanteil auch die beiden Unsicherheitsbereiche zunehmen. Die Unsicherheitsbereiche der Simulation und des Experiments überlappen sich für alle Messpunkte.

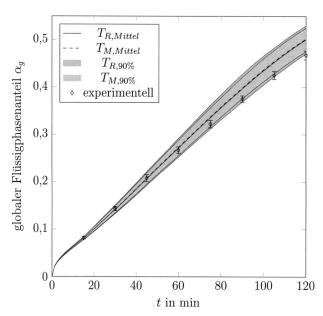

Abbildung 8.19: Globaler Flüssigphasenanteil in Abhängigkeit der Zeit mit Unsicherheitsbereichen. In den blau (rot) eingefärbten Bereich fallen 90 % der Simulationen der Analyse mit den Stoffwerten in der Mitte (am Rand) der Konfidenzintervalle.

Betrachtung der maximalen Geschwindigkeit und der Wärmeströme

Neben dem Flüssigphasenanteil sind auch die maximale Geschwindigkeit und die Wärmeströme mögliche Zielgrößen der kombinierten Unsicherheits- und Sensitivitätsanalyse. Die Unsicherheit dieser Zielgrößen über die Zeit sowie der Einfluss der Eingangsparameter auf die jeweilige Zielgröße werden in diesem Abschnitt besprochen.

Begonnen wird mit der maximalen Geschwindigkeit in der flüssigen Phase. Diese steigt in den ersten 40 Minuten auf einen Wert von etwas über 2 mm/s an (Abb 8.20). Sobald sich die beiden

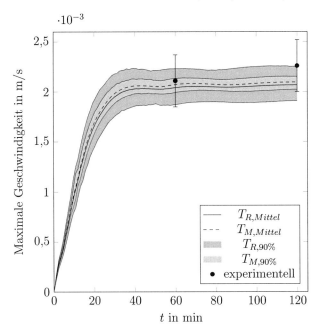

Abbildung 8.20: Maximale Geschwindigkeit als Funktion der Zeit mit Unsicherheitsbereichen. In den blau (rot) eingefärbten Bereich fallen 90 % der Simulationen der Analyse mit den Stoffwerten in der Mitte (am Rand) der Konfidenzintervalle.

fluiddynamischen Grenzschichten an der heißen Kapselwand und der Phasengrenze nicht mehr beeinflussen, steigt die maximale Geschwindigkeit nicht mehr an, sondern verbleibt für den Rest der Simulation auf dem nach 40 Minuten erreichten Wert. Der Unsicherheitsbereich der Analyse mit den Randwerten der Konfidenzintervalle als Eingangsparameter ist deutlich breiter als derjenige mit den Werten der Konfidenzintervallen an der Mitteltemperatur. Der Grund dafür ist, dass die Viskosität einen sehr großen Einfluss auf die maximale Geschwindigkeit hat (Abb 8.21). Wird nur die Unsicherheit der Eingangsparameter betrachtet, reduziert sich der Einfluss der Viskosität erheblich und der Unsicherheitsbereich, der die maximale Geschwindigkeit umgibt, wird schmaler. Da die maximale Geschwindigkeit im konvektionsdominierten Bereich nicht vom Flüssigphasenanteil abhängt, haben Eingangsparameter wie z. B. die Feststoffwerte, die die Geschwindigkeit in der flüssigen Phase höchstens indirekt über den Flüssigphasenanteil verändern könnten, keinen Einfluss auf die maximale Geschwindigkeit nach 2 h. Die experimentell bestimmte maximale Geschwindigkeit liegt für beide Messpunkte im Unsicherheitsbereich.

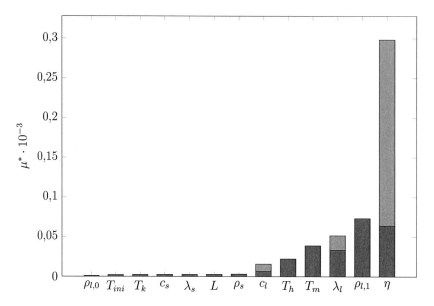

Abbildung 8.21: Einfluss der Eingangsgrößen auf die maximale Geschwindigkeit nach 2 h mit den Stoffwerten am Rand und in der Mitte der Konfidenzintervalle als Eingangsgrößen.

Ähnlich wie die maximalen Geschwindigkeit verbleibt auch der Wärmestrom der heißen Seite im konvektionsdominierten Regime auf einem Plateau und hängt nicht vom Flüssigphasenanteil ab (Abb 8.22). Daher haben auch hier die oben genannten Werte kaum einen Einfluss (Abb 8.23). Darüber hinaus ist auch hier die Viskosität der größte Unsicherheitsfaktor, wenn Unsicherheit und Temperaturabhängigkeit zusammen betrachtet werden. Ansonsten hat der Schmelzpunkt den größten Einfluss. Die experimentell bestimmten Werte sind zu Beginn aufgrund der Überschwinger des Thermostats außerhalb des Unsicherheitsbereichs. Nach etwa 20 Minuten bis zum Ende des Versuchs liegen die experimentellen Werte am unteren Rand des äußeren Unsicherheitsbereichs. Im Gegensatz zu den Unsicherheitsbereichen der maximalen Geschwindigkeit und des Wärmestroms der heißen Seite, werden die Unsicherheitsbereiche des Wärmestroms der kalten Seite mit zunehmender Zeit breiter (Abb 8.24). Außerdem ist der Unterschied zwischen den beiden Unsicherheitsbereichen geringer. Dies liegt daran, dass der Wärmestrom der kalten Seite zu einem großen Teil von Parametern beeinflusst wird, die entweder nicht temperaturabhängig sind oder bei denen keine Temperaturabhängigkeit mit statistischer Signifikanz festgestellt werden konnte (Abb 8.25). Die Übereinstimmung zwischen experimentellen Daten und den Unsicherheitsbereichen ist dürftig. Zu Beginn und in der Mitte der Versuchszeit ist der experimentell gemessene Wärmestrom der kalten Seite außerhalb des Unsicherheitsbereichs. Erst nach ungefähr 80 Minuten ist der Wärmestrom innerhalb des Unsicherheitsbereichs.

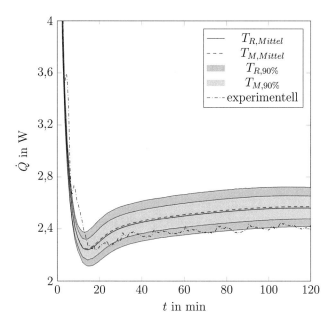

Abbildung 8.22: Wärmestrom der heißen Seite als Funktion der Zeit mit Unsicherheitsbereichen. In den blau (rot) eingefärbten Bereich fallen 90 % der Simulationen der
Analyse mit den Stoffwerten in der Mitte (am Rand) der Konfidenzintervalle.

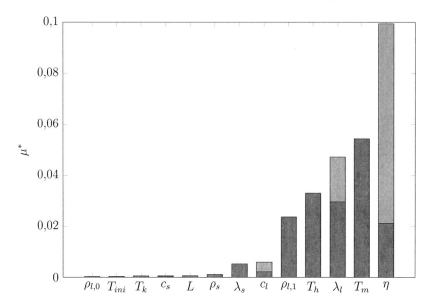

Abbildung 8.23: Einfluss der Eingangsgrößen auf den Wärmestrom der heißen Seite nach 2 h
mit den Stoffwerten am Rand und in der Mitte der Konfidenzintervalle als
Eingangsgrößen.

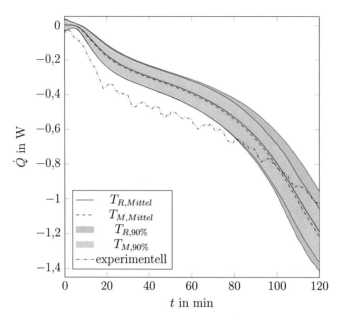

Abbildung 8.24: Wärmestrom der kalten Seite als Funktion der Zeit mit Unsicherheitsbereichen. In den blau (rot) eingefärbten Bereich fallen 90 % der Simulationen der Analyse mit den Stoffwerten in der Mitte (am Rand) der Konfidenzintervalle.

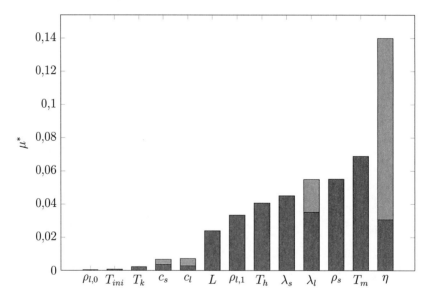

Abbildung 8.25: Einfluss der Eingangsgrößen auf den Wärmestrom der kalten Seite nach 2 h mit den Stoffwerten am Rand und in der Mitte der Konfidenzintervalle als Eingangsgrößen.

8.3.3 Einfluss von temperaturabhängigen Stoffdaten

In diesem Abschnitt wird der Unterschied zwischen einer funktionalen Einbindung der temperaturabhängigen Stoffdaten in das Modell und der Verwendung der Stoffwerte bei den Mitteltemperaturen im Festen und Flüssigen aufgezeigt. Dies kann selbstverständlich nur für die vier Stoffwerte erfolgen, bei denen eine funktionale Abhängigkeit von der Temperatur ausgemacht werden konnte. Dies sind die Wärmeleitfähigkeit im Flüssigen, die Viskosität und die beiden Wärmekapazitäten. Darüber hinaus werden Simulationen mit einer konstanten Dichte, d. h. ohne Volumenexpansion und mit Boussinesq-Approximation, mit Simulationen, denen eine variable Dichte zugrunde liegt, verglichen. Die Anfangs- und Randbedingungen sind dieselben wie bei den kombinierten Unsicherheits- und Sensitivitätsanalysen.

Der Flüssigphasenanteil der Simulation mit temperaturabhängigen Stoffdaten ist nach 2 h um 0,3 % höher im Vergleich zur Simulation mit den Stoffwerten bei den Mitteltemperaturen. Auch bei der maximalen Geschwindigkeit und den Wärmeströmen beträgt der Unterschied weniger als 1 %. Werden die Parameter einzeln betrachtet, verändert kein Parameter den Flüssigphasenanteil um mehr als 0,2 %. Unter Berücksichtigung der Ergebnisse des vorherigen Abschnitts lässt sich somit festhalten, dass die exakte funktionale Einbindung der Stoffwerte nicht entscheidend ist. Stattdessen genügt es, die Stoffwerte bei den Mitteltemperaturen einzubinden. Dies gilt natürlich nur für die hier untersuchte Temperaturdifferenz. Ist die Temperaturdifferenz höher, können bei der natürlichen Konvektion große Unterschiede zwischen Modellen mit konstanten und variablen Stoffwerten auftreten [112]. Außerdem ist zu beachten, dass bei Variationsrechnungen mit unterschiedlichen Randtemperaturen die Stoffwerte bei jeder Simulation angepasst werden müssen, damit sie weiterhin den Wert bei der Mitteltemperatur abbilden.

Oftmals wird die Dichteänderung der PCM in Modellen zur Simulation von Fest-flüssig-Phasenwechseln vernachlässigt. In diesen Fällen wird entweder die Flüssigphasendichte oder das Mittel aus Flüssigphasendichte und Feststoffdichte als konstanter Dichtewert für beide Phasen angewandt. In beiden Fällen ist die Masse des erstarrten PCM geringer als bei Anwendung des für die jeweilige Phase korrekten Dichtewertes ($\rho_l < \rho_s$). Folglich wird weniger Energie benötigt und der Schmelzprozess läuft schneller ab (Abb. 8.26). Nach 2 h beträgt der Flüssigphasenanteil bei Verwendung der flüssigen Dichte 0,538, bei der mittleren Dichte 0,530 und bei Unterscheidung zwischen beiden Dichtewerten 0,500. Interessanterweise ist der Unterschied zwischen der Simulation mit der Flüssigphasendichte und der Simulation mit dem mittleren Dichtewert sehr gering – deutlich geringer als zwischen den beiden Simulationen mit konstantem Dichtewert und der Simulation, bei der die Volumenausdehnung in Betracht gezogen wird. Der Grund dafür ist, dass bei der Verwendung der mittleren Dichte die Rayleigh-Zahl erhöht wird. Der Wärmestrom, der während des konvektionsdominierten Regime in die Kapsel fließt, ist in erster Näherung eine alleinige Funktion der Rayleigh-Zahl. Darüber hinaus nimmt der Wärmestrom bei einer

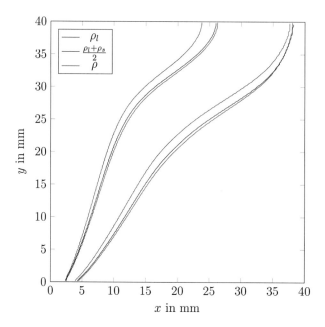

Abbildung 8.26: Position der Phasengrenze unter Verwendung des selben Dichtewertes für beide Phasen $\left(\rho_l \text{ und } \frac{\rho_l + \rho_s}{2}\right)$ und unter Berücksichtigung der Volumenausdehnung (ρ). Die Positionen der Phasengrenze wurden nach 1 h und nach 2 h ausgelesen.

Erhöhung der Rayleigh-Zahl zu [113]. In dem hier betrachteten Fall beträgt der Wärmestrom der heißen Seite mit der mittleren Dichte nach 2 h 2,65 W. Im Unterschied dazu ist der Wärmestrom bei Verwendung der Flüssigphasendichte mit 2,57 W ungefähr 3 % geringer. Der Effekt, dass bei der Verwendung der mittleren Dichte mehr Energie zum Aufschmelzen benötigt wird, wird also teilweise durch einen höheren Wärmestrom kompensiert.

8.4 Empfehlungen für die Validierung numerischer Modelle zur Simulation von Fest-flüssig-Phasenwechseln

Die in dieser Arbeit ausgewählte Kombination aus Geometrie, Randbedingungen und PCM wird typischerweise für die Validierung von Modellen zur Simulation von Fest-flüssig-Phasenübergängen eingesetzt. Die hier erzielten Ergebnisse zur Unsicherheit und zum Einfluss der einzelnen Parameter können daher genutzt werden, um allgemein gültige Empfehlungen für die Validierung numerischer Modelle zur Simulation von Fest-flüssig-Phasenwechseln auszusprechen.
Zunächst ist klar, dass eine Validierung kaum einen Wert hat, wenn die Ergebnisse einer Simulation je nach Kombination der Eingangsparameter stark variieren. Bei einer zufälligen Auswahl

der Stoffdaten aus der Literatur ist genau das der Fall. Hier schwanken die Ergebnisse mehr als 30 % um den Mittelwert. Insbesondere macht es die große Unsicherheit nahezu unmöglich, Fehler in der Modellierung oder im numerischen Lösungsprozess aufzuspüren. Dies ist aber gerade der Grund, wieso überhaupt der Vergleich mit dem Experiment gesucht wird. Vor allem sollte hierbei bedacht werden, dass dies die Unsicherheit der Simulation ist und das Validierungsexperiment eigene Unsicherheiten hat, welche die Validierung zusätzlich erschweren. Es ist selbstverständlich, dass auch in Zukunft Stoffwerte von PCM gemessen werden. Daher wird der Ergebnisbereich, der durch Simulationen mit Stoffdaten aus Einzelmesswerten der Literatur erzeugt werden kann, noch größer werden. Dies reduziert den Wert der so erzeugten Validierungen noch weiter. Es ist daher nötig, die gängige Validierungspraxis zu verändern.

Die Ergebnisse der kombinierten Unsicherheits- und Sensitivitätsanalysen zeigen klar auf, dass eine sorgfältige Analyse der vorliegenden Stoffdaten für eine zuverlässige Validierung unabdingbar ist. Hier gibt es bereits Bestrebungen, gängige PCM in Ringtests durch mehrere Institute zu vermessen. Dies sollte unbedingt weiter verfolgt werden. Gleichzeitig müssen die Anwender der numerischen Modelle diese Stoffwerte verwenden. Zwar ist für den hier verwendeten Temperaturbereich von $\pm 10\,\mathrm{K}$ um den Schmelzpunkt die exakte funktionale Einbindung der Stoffdaten nicht entscheidend, trotzdem ist es unpraktisch und fehleranfällig, für jede Simulation die Stoffdaten an die Temperaturen der Randbedingungen anzupassen. Es wird daher dringend empfohlen, die funktionale Abhängigkeit der Stoffwerte in die Modelle zu integrieren. Außerdem sollten zur Validierung nur PCM verwendet werden, deren Stoffwerte hinreichend genau bekannt sind.

Neben den Stoffdaten sind auch die stets in gewissem Maße unsicheren Randbedingungen bei der Validierung zu beachten. In dieser Arbeit ist zwar der Einfluss der Randtemperaturen geringer als der der wichtigsten Stoffwerte, trotzdem sollten nur Experimente zur Validierung verwendet werden, die eine ähnliche Genauigkeit in den Randtemperaturen aufweisen ($\pm 0{,}1\,\mathrm{K}$). Unter der Annahme eines linearen Verlaufs von μ^* würde schon eine Schwankung von $\pm 0{,}3\,\mathrm{K}$ in der Temperatur der heißen Wand diesen Parameter zum einflussreichsten machen. Wärmeverluste über die als adiabat angenommenen Wände sind im Experiment unvermeidlich, können aber durch eine gute Dämmung begrenzt werden. Diese Dämmung sollte auch bei Validierungsexperimenten, welche nahe der Umgebungstemperatur durchgeführt werden, vorhanden sein. Aufgrund der Wärmeverluste ist zu erwarten, dass der Aufschmelzprozess in der Simulation generell schneller als im Experiment abläuft. Diese systematische Abweichung macht deutlich, dass numerische Ergebnisse, welche die Ergebnisse eines Validierungsexperiment exakt abbilden, kritisch betrachtet werden sollten, wenn das Modell einige Eigenschaften des Experiments gar nicht abdeckt. Dies unterstreicht das in dieser Arbeit gezeigte Beispiel mit nahezu identischem Flüssigphasenanteil bei unterschiedlichen Eingangsparametern. Es besteht stets die Gefahr, dass sich die Einflüsse unsicherer Parameter auf eine Zielgröße zufällig oder durch bewusste Anpassung aufheben. Daher sollte die Validierung der Modelle nicht nur den Flüssigphasenanteil und die Position der Phasengrenze, sondern auch weitere Größen wie die Temperaturen im Inneren der Kapsel, die Wärmeströme und das Geschwindigkeitsfeld umfassen. Ist z. B. der Wert der Viskosität nicht an die Randtemperaturen der Experiments angepasst und es gibt eine gute Übereinstimmung zwischen experimentell und numerisch bestimmten Flüssigphasenanteil, ist die Gefahr groß, dass die inkorrekte Einbindung der Viskosität durch andere Eingangsparameter aufgehoben wurde. Ein Vergleich zwischen den Strömungsfeldern kann helfen, diesen Fehler aufzudecken.

Selbst beim sehr detaillierten Vorgehen dieser Arbeit bleiben Unsicherheiten bestehen. Wo immer es möglich ist, sollten daher die numerischen Möglichkeiten ausgeschöpft werden, um Fehler im Lösungsprozess aufzuspüren. Dazu zählen die Überprüfung der Energieerhaltung, die aufgrund der stark nichtlinearen Temperatur-Enthalpie-Beziehung auch bei Verwendung der FVM nicht garantiert ist, und Netzunabhängigkeitsstudien. Auch der Einfluss von Größen wie der Darcy-Konstante sollte stets dargelegt werden, inklusive einer Begründung, wieso genau dieser Wert gewählt wurde.

9 Zusammenfassung

Latente thermische Energiespeicher beruhen auf dem Prinzip der Energiespeicherung durch einen Phasenwechsel und ermöglichen die Speicherung thermischer Energie unter hohen Energiedichten bei kleinen Temperaturspreizungen. Dadurch sind sie für viele Anwendungsgebiete attraktiv. Der in diesen Speichern ausgenutzte Fest-flüssig-Phasenwechsel erschwert jedoch die Auslegung solcher Systeme. Daher werden in diesem Bereich verstärkt numerische Methoden der Thermofluiddynamik eingesetzt, um aufwendige Experimente wenigstens teilweise zu ersetzen und die Speicher zielgerichtet auszulegen. In der Literatur gibt es eine Vielzahl von Modellen und Algorithmen zur Lösung von Fest-flüssig-Phasenwechseln. Die mit diesen Modellen erzielten Ergebnisse variieren allerdings stark und sind daher mit großen Unsicherheiten behaftet. Es ist offensichtlich, dass diese Variation verringert werden muss, um die Leistung und die Speicherkapazität latenter thermischer Energiespeicher zuverlässig vorherzusagen.

In dieser Arbeit wird daher die Unsicherheit bei der Simulation eines Aufschmelzprozesses in einer quaderförmigen Kapsel systematisch untersucht und reduziert. Darüber hinaus werden die für diese Unsicherheit verantwortlichen Eingangsparameter des Modells bestimmt und es werden Empfehlungen ausgesprochen, wie die Validierung der Modelle verbessert werden kann. Dazu wird zunächst ein Modell eines Fest-flüssig-Phasenwechsel auf raumfestem Gitter erstellt. In diesem Modell sind die Stoffdaten temperaturabhängig eingebunden. Auch die Volumenausdehnung des Materials beim Phasenwechsel wird berücksichtigt. Obwohl in dieser Arbeit bereits eine kombinierte Unsicherheits- und Sensitivitätsanalyse angewandt wird, welche im Vergleich zu anderen Methoden wenige Modellausführungen benötigt, ist die Anzahl der durchgeführten Simulationen mit über 1500 immer noch beträchtlich. Aus diesem Grund wird ein Lösungsalgorithmus entwickelt, der durch eine Linearisierung mit anschließendem Projektionsschritt sehr schnell konvergiert und die Rechenzeit deutlich verringert. Um die Ergebnisse der Simulation mit Messdaten vergleichen zu können, wird ein Teststand aufgebaut. Dieser ermöglicht die Bestimmung des globalen Flüssigphasenanteils, der Temperatur im Inneren der Testkapsel, der Geschwindigkeit in der flüssigen Phasen und der Wärmeströme.

Bei der Zielsetzung dieser Arbeit wurden einige wissenschaftliche Fragestellungen formuliert, deren Beantwortung die wichtigsten Ergebnisse der Arbeit zusammenfasst.

Wie groß ist die Unsicherheit bei der Simulation eines Fest-flüssig-Phasenwechsels?

Werden die Unsicherheit und, falls vorhanden, die Temperaturabhängigkeit der Eingangsparameter gemeinsam betrachtet, liegt der Flüssigphasenanteil nach 2 h in 90 % der 546 durchgeführten Simulation zwischen 0,470 bis 0,530. Bei alleiniger Betrachtung der Unsicherheit der Eingangsparameter ist der Bereich schmaler und reicht von 0,475 und 0,525. Die Unsicherheit im Wert des Flüssigphasenanteil beträgt damit je nach Einbindung der Stoffwerte zwischen ±6 und ±5 %. Wird der Minimal- und der Maximalwert der Simulationen betrachtet, ist die Schwankungsbreite mit ungefähr ±10 % größer. Darüber hinaus kommt zu dem hier angegebenen Unsicherheitsbereich noch eine systematische Überschätzung des Flüssigphasenanteils dazu, wenn die Volumenausdehnung des PCM vernachlässigt wird. Diese beträgt nach 2 h zwischen 6 und 8 %, je nachdem, welcher Wert für die Dichte verwendet wird.

Neben dem Flüssigphasenanteil sind der Wärmestrom der heißen und der kalten Seite sowie die maximale Geschwindigkeit weitere Zielgrößen der Simulation. In der oben genannten Reihenfolge beträgt die Unsicherheit bei diesen Größen ±6 % (±4 %), ±20 % (±13 %), ±9 % (±4 %). Der Wert in der Klammer gibt dabei den reduzierten Wert an, wenn nur die Unsicherheit in den Eingangsparametern betrachtet wird.

Wie stark verringert eine sorgfältige Charakterisierung der Stoffdaten die Schwankungsbreite des Flüssigphasenanteils?

Die oben genannten Werte zur Unsicherheit beruhen auf Simulationen, bei denen die Stoffdaten des PCM sorgfältig charakterisiert und mit statistischen Methoden aufbereitet wurden. Bei der Simulation von Fest-flüssig-Phasenwechseln ist es jedoch üblich, Stoffdaten aus der Literatur zu verwenden, ohne sie mit statistischen Methoden aufzubereiten. Die Unsicherheit, die durch dieses Vorgehen entsteht, wird durch die Ergebnisse der Analyse, die auf zufällig aus der Literatur ausgewählten Stoffdaten beruht, abgebildet. Hier ist der größte Wert des Flüssigphasenanteils nach 2 h mit 0,651 nahezu doppelt so groß wie der kleinste mit 0,343. Dies ist gleichbedeutend mit einer Schwankungsbreite von ungefähr ±30 % um den Mittelwert. Vergleicht man diesen Wert mit dem oben genannten Wert von ±10 % wird deutlich, dass die Schwankungsbreite des Flüssigphasenanteils durch eine sorgfältige Charakterisierung der Stoffdaten des PCM auf ein Drittel reduziert wird.

Welche Eingangsgrößen der Simulation – Stoffdaten, Anfangs- und Randbedingungen des Validierungsexperiments – haben den größten Einfluss auf das Simulationsergebnis und müssen daher in erster Linie genauer bestimmt werden, um die Unsicherheit des Simulationsergebnisses weiter zu verringern?

Werden die Unsicherheit und die Temperaturabhängigkeit gemeinsam betrachtet, ist die Viskosität der Parameter mit dem stärksten Einfluss auf den Flüssigphasenanteil nach 2 h. Allerdings sinkt der Einfluss der Viskosität stark ab, wenn nur die Unsicherheit betrachtet wird. In diesem Fall sind die Wärmeleitfähigkeit im Festen, gefolgt vom Schmelzpunkt und der Feststoffdichte, die einflussreichsten Parameter und daher auch für einen Großteil der Unsicherheit im Flüssigphasenanteil verantwortlich. Soll die Unsicherheit signifikant reduziert werden, müssen diese Größen genauer bekannt sein. Die Wärmeleitfähigkeit im Festen sowie die Feststoffdichte sind jedoch aufgrund der unterschiedlichen Kristallstrukturen von Paraffinen schwer zu messen. Daher sollten die bereits bestehenden Forschungsbemühungen zur Wärmeleitfähigkeitsmessung in festen Phasenwechselmaterialien verstärkt werden und auf die Messung der Feststoffdichte ausgeweitet werden. Beim Schmelzpunkt genügt eine größere Anzahl an Messungen, um die Messabweichung zu reduzieren (Messabweichung $\sim \frac{1}{\sqrt{n}}$).

Auf den Wärmestrom der heißen und der kalten Seite sowie die maximale Geschwindigkeit hat ebenfalls die Viskosität den größten Einfluss, wenn Unsicherheit und Temperaturabhängigkeit gemeinsam betrachtet werden. Ansonsten ist es der Schmelzpunkt für die beiden Wärmeströme und die Steigung der flüssigen Dichte für die maximale Geschwindigkeit. Wird also wie bereits oben erwähnt der Schmelzpunkt genauer bestimmt und die Viskosität temperaturabhängig eingebunden, wird auch bei diesem Größen die Unsicherheit signifikant reduziert.

Gibt es Eingangsparameter, die das Ergebnis kaum beeinflussen und daher auf einen beliebigen Wert innerhalb ihrer Schwankungsbreite gesetzt werden können?
Ja. Von den 13 Eingangsparameter konnten fünf als unwichtig identifiziert werden. Nahezu keinen Einfluss auf die Zielgrößen haben die Wärmekapazität der flüssigen und der festen Phase, der Referenzwert der flüssigen Dichte, die Temperatur der kalten Wand sowie die Anfangstemperatur. Sie können auf einen beliebigen Wert innerhalb ihrer Schwankungsbreite gesetzt werden, ohne das Ergebnis spürbar zu beeinflussen.

Welche Auswirkungen haben die betrachteten Unsicherheiten auf die Aussagekraft gängiger Validierungsmethoden und wie sieht ein geeignetes Validierungsverfahren für die Simulation von Fest-flüssig-Phasenwechseln aus, welches die Unsicherheiten in den Stoffdaten sowie in den Anfangs- und Randbedingungen des Versuchs miteinbezieht?
Die gängige Vorgehensweise bei der Validierung von Modellen zur Simulation von Fest-flüssig-Phasenwechseln beruht auf einer zufälligen Auswahl der Stoffdaten aus der Literatur. Die in dieser Arbeit durchgeführte kombinierte Unsicherheits- und Sensitivitätsanalyse zeigt, dass dieses Vorgehen nur eine sehr begrenzte Aussagekraft besitzt. Es kann unter anderem dazu führen, dass Fehler, die bei der Auswahl der Stoffdaten gemacht wurden, sich in ihrem Effekt auf die Zielgröße gegenseitig aufheben. Weiterhin ist der Einfluss der Eingangsparameter bei einer zufälligen Auswahl der Stoffdaten auf das Simulationsergebnis so groß, dass sich

Fehler in der Modellierung kaum aufspüren lassen. Eine Möglichkeit, die Validierung unter Berücksichtigung der Unsicherheiten in den Stoffdaten, den Anfangs- und den Randbedingungen des Versuchs auszuführen, besteht in der Durchführung einer kombinierten Unsicherheits- und Sensitivitätsanalyse. Die in dieser Arbeit angewandte Elementary-Effects Methode gibt schon nach wenigen Modellausführungen sinnvolle Ergebnisse. Beispielhaft sei dies an der Analyse mit den Randwerten der Konfidenzintervalle als Eingangsparameter dargestellt. Teilt man die 39 Trajektorien dieser Analyse in sieben Gruppen zu je fünf Trajektorien auf und lässt die vier übrigens beiseite, schwankt die untere 90 %-Grenze der Unsicherheit zwischen den Gruppen von 0,462 bis 0,488 und die obere von 0,520 bis 0,537. Werden die Parameter, die in dieser Arbeit als nicht einflussreich identifiziert wurden, nicht berücksichtigt, reichen schon 45 Modellausführungen aus, um den Parameterraum des Systems mit fünf verschiedenen Trajektorien zu erforschen. Damit ist ein erster Überblick über die vorhandene Unsicherheit gegeben und es kann überprüft werden, ob sich die Unsicherheitsbereiche des Experiments und der Simulation überlappen.

Es ist zu erwarten, dass sich durch die in dieser Arbeit dargelegten Ergebnisse die Materialcharakterisierung von PCM und die numerische Simulation von Phasenwechselvorgängen enger miteinander verzahnen. Zuverlässige computergestützte Berechnungen sind auf Eingangsparameter mit klar definierten Unsicherheiten angewiesen. Gleichzeitig ist in den seltensten Fällen a priori bekannt, welche Eingangsparameter den größten Anteil an der Unsicherheit des Simulationsergebnisses oder auch an der Unsicherheit der Auslegung einer technischen Anwendung haben. Dies kann durch numerische Simulationen dargelegt werden. Sind diese Eingangsparameter bekannt, können die begrenzten Ressourcen, die zur Materialcharakterisierung zur Verfügung stehen, sinnvoll eingesetzt werden, um zielgerichtet Stoffwerte genauer zu bestimmen. Hier liegt es nahe, die in dieser Arbeit auf ein Paraffin angewandte Methodik auf weitere Stoffklassen, die zur latenten Speicherung thermischer Energie eingesetzt werden, zu übertragen. Weiterhin treten in speziellen Bauformen von thermischen Speichern komplexere physikalische Prozesse als der in dieser Arbeit betrachtete Phasenwechsel unter dem Einfluss der natürlichen Konvektion auf. Als Beispiel sei das in Makrokapseln stattfindende Kontaktschmelzen genannt. Auch auf diese Fälle bietet sich eine Übertragung der hier verwendeten Methodik an.

10 Summary

Latent heat thermal energy storages are based on the principle of energy storage through a phase change and allow the storage of thermal energy with high density and a low temperature spread. Hence, they are attractive for many applications. However, the phase change utilized in these storages makes the design of such systems difficult. Therefore, numerical methods are increasingly used to at least partially replace costly experiments in the design process. The scientific literature provides a great variety of models and algorithms to solve solid-liquid phase changes. But the results obtained with these models are varying considerably and are therefore highly uncertain. It is obvious that this variation must be reduced to reliably predict the power and the storage capacity of latent heat thermal energy storages.

Therefore, in this work the uncertainty in the simulation of a melting process in a cuboid capsule is systematically investigated and reduced. In addition, the parameters responsible for this uncertainty are identified and recommendations are provided on how to improve the validation of the models. For this purpose, a model of a solid-liquid phase change on a fixed grid is created. In this model the thermophysical properties are implemented as temperature-dependent. The volume expansion of the material during phase change is also taken into account. Although in this work a combined uncertainty and sensitivity analysis is applied, which, compared to other methods requires less model evaluations, the number of simulations performed in this work is quite high with more than 1500. For this reason, a solution algorithm is developed which converges fast by applying a linearization followed by a projection step and thus reduces the computation time significantly. To compare the results with experimental data, a test rig is built. This test rig allows the measurement of the global liquid fraction, the temperature inside of the test capsule, the velocity in the liquid phase and the heat fluxes.

In defining the objectives of this work, some scientific questions were formulated. The answers to these questions summarize the most important results of this thesis.

How large is the uncertainty in the simulation of a solid-liquid phase change?

If the uncertainty and, if present, the temperature dependency of the input parameters are considered together, the liquid phase fraction after 2 h is in 90 % of the 546 cases between 0.470 and 0.530. If only the uncertainty in the input parameters is considered, the uncertainty decreases and lies between 0.475 and 0.525. The uncertainty in the value of the liquid fraction is therefore between ± 6 and $\pm 5\,\%$, depending on the implementation of the thermophysical properties. Regarding the minimum and maximum value of the simulations, the spread is higher with approximately $\pm 10\,\%$. In addition to the uncertainty range given here, there is a systematic overestimation of the liquid fraction, if the volume expansion of the PCM is not taken into account. This overestimation is between 6 and $8\,\%$ after $2\,\mathrm{h}$, depending on the value used for the density.

The heat flowing through the hot and the cold side of the capsule wall, as well as the maximum velocity, are also objectives of the simulation. In the above order, the uncertainty in these quantities is $\pm 6\,\%$ $(\pm 4\,\%)$, $\pm 20\,\%$ $(\pm 13\,\%)$, $\pm 9\,\%$ $(\pm 4\,\%)$. The values in brackets indicate the reduced value if only the uncertainty in the input parameters is considered.

How much does a thorough characterization of the thermophysical properties reduce the range of variation of the liquid fraction?

The values mentioned above are based on simulations in which the thermophysical properties were thoroughly characterized and prepared by using statistical methods. However, when simulating liquid-solid phase change it is common to use thermophysical properties from literature without preparing them with statistical methods. The uncertainty caused by this approach is reflected by the results of the analysis, which is based on thermophysical properties randomly selected from literature. Here, the largest value of the liquid fraction is with 0.651 nearly twice as large as the smallest one with 0.343. This is equivalent to a range of variation of about $\pm 30\,\%$. Comparing this value with the aforementioned value of $\pm 10\,\%$, it is obvious that the range of variation of the liquid fraction is reduced to one third by a thorough characterization of the thermophysical properties.

Which input parameters of the simulation – thermophysical properties, initial and boundary conditions of the validation experiment – have the greatest influence on the simulation results and must therefore be determined more precisely to further reduce the uncertainty in the simulation result?

If the uncertainty and the temperature dependency are considered together, the viscosity is the parameter with the greatest influence on the liquid fraction after $2\,\mathrm{h}$. However, the influence of the viscosity declines considerably if only the uncertainty is considered. In this case, the thermal conductivity in the solid followed by the melting point and the solid density are the most influential parameters and therefore responsible for a large part of the uncertainty of the liquid fraction. To reduce the uncertainty significantly, these input parameters must be known more precisely. However, the thermal conductivity in the solid as well as the solid density are difficult to measure, due to the different crystal structures of paraffins. Therefore, the already existing research efforts to measure the thermal conductivity of solid phase change materials should be intensified and extended to the measurement of the solid density. Regarding the melting point, a higher number of measurements suffices to reduce the measurement deviation (measurement deviation $\sim \frac{1}{\sqrt{n}}$).

The viscosity is also the parameter with the greatest influence on the heat flux of the hot and cold side as well as on the maximum velocity, if the uncertainty and the temperature dependency are considered together. Otherwise the melting point has the highest influence on the heat flux and the slope of the liquid density has the highest influence on the maximum velocity. If, as mentioned above, the melting point is measured more often and the viscosity is implemented as temperature-dependent, the uncertainty in the heat fluxes and the maximum velocity is also significantly reduced.

Are there any input parameters that barely affect the results and therefore can be set to any value inside their range of variation?

Yes there are, five of the 13 input parameters could be identified as unimportant. The heat capacities in the liquid and the solid phase, the reference value of the liquid density, the temperature of the cold wall and the initial temperature have nearly no influence on the objective variables. They can be set to any value inside their range of variation without influencing the result noticeably.

Which effects do the considered uncertainties have on the validity of common validation methods and what is a suitable validation procedure for the simulation of solid-liquid phase change that takes into account the uncertainties in the thermophysical properties, the initial and the boundary conditions of the validation experiment?

The usual approach for validating models used to simulate liquid-solid phase change is based on a random selection of thermophysical properties taken from literature. The combined uncertainty and sensitivity analysis conducted in this thesis shows that this procedure has only very limited validity. It is possible that errors made in the selection of the thermophysical property data have no influence on the objective variables because the effects cancel each other. Moreover, if the input parameters are based on a random selection, their influence on the simulation results is so large that errors made during modeling can hardly be detected. A possibility to validate the model, while taking into account the uncertainties in the thermophysical properties, the initial and the boundary conditions of the validation experiment is to perform a combined uncertainties and sensitivity analysis. The elementary effects method used in this work gives meaningful results with only a few model evaluations. This is illustrated by the analysis with the boundary values of the confidence intervals as input parameters. If the 39 trajectories of this analysis are divided into seven groups with five trajectories each and four are left aside, the lower 90 % boundary of the uncertainty varies from 0.462 to 0.488 and the upper one from 0.520 to 0.537. Excluding the parameters identified as non-influential in this work, 45 model evaluations suffice to explore in the space of input parameters with five trajectories. Thus a first overview over the uncertainty is available and it can be checked if the uncertainty ranges of the experiment and the simulation overlap.

It can be expected that the results given in this work lead to a closer cooperation between material characterization of PCM and numerical simulation of phase change processes. Reliable numerical calculations depend on input parameters with clearly defined uncertainty ranges. At the same time, the parameters with the largest influence on the simulation results or on the design of a technical application are mostly unknown in advance. These parameters can be identified by numerical simulations. If the most influential input parameters are known, the limited resources available for material characterization can be used to measure the thermo-physical properties in a target-oriented way. Moreover, it is reasonable to transfer the method applied in this work to other classes of materials which are used for latent heat thermal energy storage. Some types of thermal storages exhibit more complex phenomena than phase change under the influence of natural convection investigated in this work. An example is close contact melting, which occurs in macro-capsules. It is also reasonable to transfer the methodology of this work to these cases.

Literaturverzeichnis

[1] A. Hauer, S. Hiebler, M. Reuß. *Wärmespeicher*. Fraunhofer IRB Verlag, Karlsruhe, 2013.

[2] L. Miró, J. Gasia, L. F. Cabeza. Thermal energy storage (TES) for industrial waste heat (IWH) recovery: A review. *Applied Energy*, 179:284–301, 2016.

[3] M. K. A. Sharif, A. A. Al-Abidi, S. Mat, K. Sopian, M. H. Ruslan, M. Y. Sulaiman, M. A. M. Rosli. Review of the application of phase change material for heating and domestic hot water systems. *Renewable and Sustainable Energy Reviews*, 42:557–568, 2015.

[4] U. Herrmann, B. Kelly, H. Price. Two-tank molten salt storage for parabolic trough solar power plants. *Energy*, 29(5-6):883–893, 2004.

[5] A. Thess. Thermodynamic efficiency of pumped heat electricity storage. *Physical Review Letters*, 111(11):110602, 2013.

[6] R. B. Laughlin. Pumped thermal grid storage with heat exchange. *Journal of Renewable and Sustainable Energy*, 9(4), 2017.

[7] I. Sarbu, A. Dorca. Review on heat transfer analysis in thermal energy storage using latent heat storage systems and phase change materials. *International Journal of Energy Research*, 43(1):29–64, 2019.

[8] A. König-Haagen, E. Franquet, E. Pernot, D. Brüggemann. A comprehensive benchmark of fixed-grid methods for the modeling of melting. *International Journal of Thermal Sciences*, 118:69–103, 2017.

[9] Y. Dutil, D. R. Rousse, N. B. Salah, S. Lassue, L. Zalewski. A review on phase-change materials: Mathematical modeling and simulations. *Renewable and Sustainable Energy Reviews*, 15(1):112–130, 2011.

[10] C. Gau, R. Viskanta. Melting and Solidification of a Pure Metal on a Vertical Wall. *Journal of Heat Transfer*, 108(1):174–181, 1986.

[11] H. Mehling, L. F. Cabeza. *Heat and cold storage with PCM*. Springer, 2008.

[12] A. Abhat. Low temperature latent heat thermal energy storage: Heat storage materials. *Solar Energy*, 30(4):313–332, 1983.

[13] A. Efimova, S. Pinnau, M. Mischke, C. Breitkopf, M. Ruck, P. Schmidt. Development of salt hydrate eutectics as latent heat storage for air conditioning and cooling. *Thermochimica Acta*, 575:276–278, 2014.

[14] B. Zalba, J. M. Marin, L. F. Cabeza, H. Mehling. *Review on thermal energy storage with phase change: materials, heat transfer analysis and applications*, Bd. 23. 2003.

[15] A. Rozenfeld, Y. Kozak, T. Rozenfeld, G. Ziskind. Experimental demonstration, modeling and analysis of a novel latent-heat thermal energy storage unit with a helical fin. *International Journal of Heat and Mass Transfer*, 110:692–709, 2017.

[16] S. Höhlein, A. König-Haagen, D. Brüggemann. Macro-Encapsulation of Inorganic Phase-Change Materials (PCM) in Metal Capsules. *Materials*, 11(9):1752, 2018.

[17] F. Rösler. *Modellierung und Simulation der Phasenwechselvorgänge in makroverkapselten latenten thermischen Speichern*. Logos-Verlag, Berlin (2014), zugleich: Diss. Univ. Bayreuth, 2014.

[18] M. Faden, A. König-Haagen, S. Höhlein, D. Brüggemann. An implicit algorithm for melting and settling of phase change material inside macrocapsules. *International Journal of Heat and Mass Transfer*, 117:757–767, 2018.

[19] S. Kunkel, P. Schütz, F. Wunder, S. Krimmel, J. Worlitschek, J. U. Repke, M. Rädle. Channel formation and visualization of melting and crystallization behaviors in direct-contact latent heat storage systems. *International Journal of Energy Research*, 44(6): 5017–5025, 2020.

[20] J. Crank. *Free and moving boundary problems*. Oxford Sience Publications, 1984.

[21] V. R. Voller. An overview of numerical methods for solving phase change problems. *Advances in Numerical Heat Transfer*, 1(9):341–380, 1996.

[22] D. W. Hahn, M. Özisik. *Heat conduction*. John Wiley & Sons, 2012.

[23] R. M. Furzeland. A comparative study of numerical methods for moving boundary problems. *IMA Journal of Applied Mathematics*, 26(4):411–429, 1980.

[24] M. E. Rose. A Method for Calculating Solutions of Parabolic Equations with a Free Boundary. *Mathematics of Computation*, 14:249–256, 1960.

[25] A. D. Solomon. Some Remarks on the Stefan Problem. *Mathematics of Computation*, 20: 347–360, 1966.

[26] N. Shamsundar, E. M. Sparrow. Analysis of Multidimensional Conduction Phase Change Via the Enthalpy Method. *Journal of Heat Transfer*, 97:333–340, 1975.

[27] F. Rösler, D. Brüggemann. Shell-and-tube type latent heat thermal energy storage: numerical analysis and comparison with experiments. *Heat and Mass Transfer*, 47(8):1027–1033, 2011.

[28] P. A. Galione, O. Lehmkuhl, J. Rigola, A. Oliva. Fixed-grid modeling of solid-liquid phase change in unstructured meshes using explicit time schemes. *Numerical Heat Transfer, Part B: Fundamentals*, 65(1):27–52, 2014.

[29] P. A. Galione, O. Lehmkuhl, J. Rigola, A. Oliva. Fixed-grid numerical modeling of melting and solidification using variable thermo-physical properties - Application to the melting of n-Octadecane inside a spherical capsule. *International Journal of Heat and Mass Transfer*, 86:721–743, 2015.

[30] C. R. Swaminathan, V. R. Voller. A general enthalpy method for modeling solidification processes. *Metallurgical Transactions B*, 23(5):651–664, 1992.

[31] C. R. Swaminathan, V. R. Voller. On the enthalpy method. *International Journal of Numerical Methods for Heat & Fluid Flow*, 3(3):233–244, 1993.

[32] Y. Cao, A. Faghri, W. S. Chang. A numerical analysis of Stefan problems for generalized multi-dimensional phase-change structures using the enthalpy transforming model. *International Journal of Heat and Mass Transfer*, 32(7):1289–1298, 1989.

[33] A. König-Haagen, E. Franquet, M. Faden, D. Brüggemann. Influence of the convective energy formulation for melting problems with enthalpy methods. *International Journal of Thermal Sciences*, (May):106477, 2020.

[34] A. D. Brent, V. R. Voller, K. J. Reid. Enthalpy-Porosity Technique for Modeling Convection-Diffusion Phase Change: Application To the Melting of a Pure Metal. *Numerical Heat Transfer*, 13(3):297–318, 1988.

[35] A. Ebrahimi, C. R. Kleijn, I. M. Richardson. Sensitivity of numerical predictions to the permeability coefficient in simulations of melting and solidification using the enthalpy-porosity method. *Energies*, 12(22):4360, 2019.

[36] D. K. Gartling. Finite element analysis of convective heat transfer problems with change of phase. *Computer Methods in Fluids*, S. 257–284, 1980.

[37] R. R. Kasibhatla, A. König-Haagen, F. Rösler, D. Brüggemann. Numerical modelling of melting and settling of an encapsulated PCM using variable viscosity. *Heat and Mass Transfer*, 53(5):1735–1744, 2016.

[38] Y. Kozak, G. Ziskind. Novel enthalpy method for modeling of PCM melting accompanied by sinking of the solid phase. *International Journal of Heat and Mass Transfer*, 112:568–586, 2017.

[39] Z. Ma, Y. Zhang. Solid velocity correction schemes for a temperature transforming model for convection phase change. *International Journal of Numerical Methods for Heat and Fluid Flow*, 16(2):204–225, 2006.

[40] S. Wang, A. Faghri, T. L. Bergman. A comprehensive numerical model for melting with natural convection. *International Journal of Heat and Mass Transfer*, 53(9-10):1986–2000, 2010.

[41] O. Bertrand, B. Binet, H. Combeau, S. Couturier, Y. Delannoy, D. Gobin, M. Lacroix, P. Le Quéré, M. Médale, J. Mencinger, H. Sadat, G. Vieira. Melting driven by natural convection A comparison exercise: first results. *International Journal of Thermal Sciences*, 38(1):5–26, 1999.

[42] F. L. Tan, S. F. Hosseinizadeh, J. M. Khodadadi, L. Fan. Experimental and computational study of constrained melting of phase change materials (PCM) inside a spherical capsule. *International Journal of Heat and Mass Transfer*, 52(15-16):3464–3472, 2009.

[43] N. Sharifi, C. W. Robak, T. L. Bergman, A. Faghri. Three-dimensional PCM melting in a vertical cylindrical enclosure including the effects of tilting. *International Journal of Heat and Mass Transfer*, 65:798–806, 2013.

[44] I. Danaila, R. Moglan, F. Hecht, S. Le Masson. A Newton method with adaptive finite elements for solving phase-change problems with natural convection. *Journal of Computational Physics*, 274:826–840, 2014.

[45] J. Duan, Y. Xiong, D. Yang. On the melting process of the phase change material in horizontal rectangular enclosures. *Energies*, 12(16):3100, 2019.

[46] A. C. Kheirabadi, D. Groulx. The effect of the mushy-zone constant on simulated phase change heat transfer. In: *Proceedings of CHT-15. 6 th International Symposium on Advances in Computational Heat Transfer*. Begel House Inc., 2015.

[47] D. Hummel, S. Beer, A. Hornung. A conjugate heat transfer model for unconstrained melting of macroencapsulated phase change materials subjected to external convection. *International Journal of Heat and Mass Transfer*, 149:119205, 2020.

[48] R. Tamme, T. Bauer, E. Hahne. Heat Storage Media. In: *Ullmann's Encyclopedia of Industrial Chemistry*, Bd. 17, S. 421–438. Wiley-VCH Verlag GmbH & Co. KGaA, 2009.

[49] J. Dallaire, L. Gosselin. Various ways to take into account density change in solid–liquid phase change models: Formulation and consequences. *International Journal of Heat and Mass Transfer*, 103:672–683, 2016.

[50] M. Faden, A. König-Haagen, D. Brüggemann. An Optimum Enthalpy Approach for Melting and Solidification with Volume Change. *Energies*, 12(5):868, 2019.

[51] T. A. Campbell, J. N. Koster. Visualization of liquid-solid interface morphologies in gallium subject to natural convection. *Journal of Crystal Growth*, 140(3-4):414–425, 1994.

[52] O. Ben-David, A. Levy, B. Mikhailovich, A. Azulay. 3D numerical and experimental study of gallium melting in a rectangular container. *International Journal of Heat and Mass Transfer*, 67:260–271, 2013.

[53] C. J. Ho, J. Y. Gao. An experimental study on melting heat transfer of paraffin dispersed with Al2O3 nanoparticles in a vertical enclosure. *International Journal of Heat and Mass Transfer*, 62(1):2–8, 2013.

[54] M. Faden, C. Linhardt, S. Höhlein, A. König-Haagen, D. Brüggemann. Velocity field and phase boundary measurements during melting of n-octadecane in a cubical test cell. *International Journal of Heat and Mass Transfer*, 135:104–114, 2019.

[55] K. Schüller, B. Berkels, J. Kowalski. Integrated modeling and validation for phase change with natural convection. In: *International Conference on Computational Engineering*, S. 127–144, 2017.

[56] H. Shokouhmand, B. Kamkari. Experimental investigation on melting heat transfer characteristics of lauric acid in a rectangular thermal storage unit. *Experimental Thermal and Fluid Science*, 50:201–212, 2013.

[57] B. Kamkari, H. Shokouhmand. Experimental investigation of phase change material melting in rectangular enclosures with horizontal partial fins. *International Journal of Heat and Mass Transfer*, 78:839–851, 2014.

[58] N. W. Hale Jr, R. Viskanta. Photographic observation of the solid-liquid interface motion during melting of a solid heated from an isothermal vertical wall. *Letters in heat and Mass Transfer*, 5(6):329–337, 1978.

[59] M. Bareiss, H. Beer. Experimental investigation of melting heat transfer with regard to different geometric arrangements. *International Communications in Heat and Mass Transfer*, 11(4):323–333, 1984.

[60] W. Gong. *Heat storage of PCM inside a transparent building brick : Experimental study and LBM simulation on GPU Heat storage of PCM inside a transparent building brick : experimental study and LBM simulation on GPU*. Dissertation, 2015.

[61] F. L. Tan. Constrained and unconstrained melting inside a sphere. *International Communications in Heat and Mass Transfer*, 35(4):466–475, 2008.

[62] M. M. Kenisarin, K. Mahkamov, S. C. Costa, I. Makhkamova. Melting and solidification of PCMs inside a spherical capsule: A critical review. *Journal of Energy Storage*, 27: 101082, 2020.

[63] B. J. Jones, D. Sun, S. Krishnan, S. V. Garimella. Experimental and numerical study of melting in a cylinder. *International Journal of Heat and Mass Transfer*, 49(15-16): 2724–2738, 2006.

[64] N. S. Dhaidan, J. M. Khodadadi. Melting and convection of phase change materials in different shape containers: A review. *Renewable and Sustainable Energy Reviews*, 43: 449–477, 2015.

[65] J. Vogel, D. Bauer. Phase state and velocity measurements with high temporal and spatial resolution during melting of n-octadecane in a rectangular enclosure with two heated vertical sides. *International Journal of Heat and Mass Transfer*, 127:1264–1276, 2018.

[66] A. P. Omojaro, C. Breitkopf. Study on solid liquid interface heat transfer of PCM under simultaneous charging and discharging (SCD) in horizontal cylinder annulus. *Heat and Mass Transfer*, 53(7):2223–2240, 2017.

[67] N. Hannoun, V. Alexiades, T. Z. Mai. Resolving the controversy over tin and gallium melting in a rectangular cavity heated from the side. *Numerical Heat Transfer, Part B: Fundamentals Fundamentals*, 44(3):253–276, 2003.

[68] V. Soni, A. Kumar, V. K. Jain. Modeling of PCM melting: Analysis of discrepancy between numerical and experimental results and energy storage performance. *Energy*, 120:190–204, 2018.

[69] M. A. Hassab, M. M. Sorour, M. K. Mansour, M. M. Zaytoun. Effect of volume expansion on the melting process's thermal behavior. *Applied Thermal Engineering*, 115:350–362, 2017.

[70] J. Vogel. *Influence of natural convection on melting of phase change materials*. Dissertation, Universität Stuttgart, 2019.

[71] P. Tittelein, S. Gibout, E. Franquet, K. Johannes, L. Zalewski, F. Kuznik, J.-P. Dumas, S. Lassue, J.-P. Bédécarrats, D. David. Simulation of the thermal and energy behaviour of a composite material containing encapsulated-PCM: Influence of the thermodynamical modelling. *Applied Energy*, 140:269–274, 2015.

[72] C. Arkar, S. Medved. Influence of accuracy of thermal property data of a phase change material on the result of a numerical model of a packed bed latent heat storage with spheres. *Thermochimica Acta*, 438(1-2):192–201, 2005.

[73] T. Bouhal, Z. Meghari, S. Fertahi, T. El Rhafiki, T. Kousksou, A. Jamil, E. Ben Ghoulam. Parametric CFD analysis and impact of PCM intrinsic parameters on melting process inside enclosure integrating fins: Solar building applications. *Journal of Building Engineering*, 20:634–646, 2018.

[74] G. Zsembinszki, P. Moreno, C. Solé, A. Castell, L. F. Cabeza. Numerical model evaluation of a PCM cold storage tank and uncertainty analysis of the parameters. *Applied Thermal Engineering*, 67(1-2):16–23, 2014.

[75] P. Dolado, J. Mazo, A. Lázaro, J. M. Marín, B. Zalba. Experimental validation of a theoretical model: Uncertainty propagation analysis to a PCM-air thermal energy storage unit. *Energy and Buildings*, 45:124–131, 2012.

[76] J. O. Mingle. Stefan problem sensitivity and uncertainty. *Numerical Heat Transfer, Part A: Applications*, 2(3):387–393, 1979.

[77] J. Mazo, A. T. El Badry, J. Carreras, M. Delgado, D. Boer, B. Zalba. Uncertainty propagation and sensitivity analysis of thermo-physical properties of phase change materials (PCM) in the energy demand calculations of a test cell with passive latent thermal storage. *Applied Thermal Engineering*, 2015.

[78] J. H. Ferziger, M. Perić. *Numerische Strömungsmechanik*. Springer, 2008.

[79] C. Hirsch. *Numerical Computation of Internal and External Flows*. Butterworth-Heinemann, 2007.

[80] H. Jasak, T. Uroic. Practical Computational Fluid Dynamics with the Finite Volume Method. In: *Modeling in Engineering Using Innovative Numerical Methods for Solids and Fluids*, S. 103–161. 2020.

[81] F. Moukalled, L. Mangani, M. Darwish. *The Finite Volume Method in Computational Fluid Dynamics.* Springer, 2015.

[82] T. Maric, J. Höpken, K. Mooney. *The OpenFoam Technology Primer.* sourceflux, 2014.

[83] H. Jasak, H. G. Weller. Application of the finite volume method and unstructured meshes to linear elasticity. *International Journal for Numerical Methods in Engineering*, 48(2): 267–287, 2000.

[84] H. G. Weller, G. Tabor, H. Jasak, C. Fureby. A tensorial approach to computational continuum mechanics using object-oriented techniques. *Computers in Physics*, 12(6): 620–631, 1998.

[85] C. J. Greenshields. OpenFOAM User Guide, 2015.

[86] R. J. Adrian, J. Westerweel. *Particle Image Velocimetry.* Cambride University Press, 2011.

[87] M. Raffel, C. E. Willert, S. T. Wereley, J. Kompenhans. *Particle Image Velocimetry.* Springer, 2007.

[88] W. Thielicke. *The flapping flight of birds: Analysis and application.* Dissertation, University of Groningen, 2014.

[89] G. E. Elsinga, B. W. Van Oudheusden, F. Scarano. Evaluation of aero-optical distortion effects in PIV. *Experiments in Fluids*, 39(2):246–256, 2005.

[90] J. Spurk, N. Aksel. *Strömungslehre - Einführung in die Theorie der Strömungen.* Springer, 2010.

[91] C. W. Hirt, B. D. Nichols. Volume of fluid (VOF) method for the dynamics of free boundaries. *Journal of Computational Physics*, 39(1):201–225, 1981.

[92] K. Khadra, P. Angot, S. Parneix, J. P. Caltagirone. Fictitious domain approach for numerical modelling of Navier-Stokes equations. *International Journal for Numerical Methods in Fluids*, 34(8):651–684, 2000.

[93] V. Alexiades, J. B. Drake. A weak formulation for phase-change problems with bulk movement due to unequal densities. *Free Boundary Problems Involving Solids*, S. 82–87, 1993.

[94] R. I. Issa. Solution of the implicitly discretised fluid flow equations by operator-splitting. *Journal of Computational Physics*, 62(1):40–65, 1986.

[95] C. M. Rhie, W. L. Chow. Numerical study of the turbulent flow past an airfoil with trailing edge separation. *AIAA Journal*, 21(11):1525—-1532, 1983.

[96] H. Jasak. *Error Analysis and Estimation for the Finite Volume Method with Applications to Fluid Flows.* Dissertation, Imperial College of Science, Technology and Medicine, 1996.

[97] S. M. Damián. *An Extended Mixture Model for the Simultaneous Treatment of Short and Long Scale Interfaces.* Dissertation, Universidad Nacional Del Litoral, 2013.

[98] C. Ullrich, T. Bodmer, C. Hübner, P. B. Kempa, E. Tsotsas, A. Eschner, G. Kasparek, F. Ochs, M. H. Spitzner. *VDI-Wärmeatlas, D6 Stoffwerte von Feststoffen.* 2013.

[99] F. Bernhard. *Handbuch der Technischen Temperaturmessung.* Springer, 2014.

[100] W. Thielicke, E. J. Stamhuis. PIVlab – Towards User-friendly, Affordable and Accurate Digital Particle Image Velocimetry in MATLAB. *Journal of Open Research Software*, 2 (1), 2014.

[101] L. Papula. *Mathematik für Ingenieur und Naturwissenschaftler Band 3: Vektoranalysis, Wahrscheinlichkeitsrechnung, Mathematische Statistik, Fehler-und Ausgleichsrechnung.* Springer-Verlag, 2016.

[102] H. Klan, A. Thess. *VDI-Wärmeatlas, F2 Wärmeübertragung durch freie Konvektion: Außenströmung.* 2013.

[103] A. Saltelli, M. Ratto, T. Andres, F. Campolongo, J. Cariboni, D. Gatelli, M. Saisana, S. Tarantola. *Global sensitivity analysis: the primer.* John Wiley & Sons, 2008.

[104] A. Saltelli, P. Annoni. How to avoid a perfunctory sensitivity analysis. *Environmental Modelling and Software*, 25(12):1508–1517, 2010.

[105] M. D. Morris. Factorial sampling plans for preliminary computational experiments. *Technometrics*, 33(2):161–174, 1991.

[106] F. Campolongo, J. Cariboni, A. Saltelli. An effective screening design for sensitivity analysis of large models. *Environmental Modelling & Software*, 22(10):1509–1518, 2007.

[107] M. Faden, S. Höhlein, J. Wanner, A. König-Haagen, D. Brüggemann. Review of Thermophysical Property Data of Octadecane for Phase-Change Studies. *Materials*, 12(18): 2974, 2019.

[108] A. Koutian, M. J. Assaela, M. L. Huber, R. A. Perkins. Reference Correlation of the Thermal Conductivity of Cyclohexane from the Triple Point to 640 K and up to 175 MPa. *Journal of Physical and Chemical Reference Data*, 46(1):023104, 2017.

[109] F. Hemberger, M. Brütting, A. Göbel, S. Vidi, H.-P. Ebert. Determination of thermal diffusivity of different crystal structures of phase change materials by means of the flash method. In: *In Proceedings of the 34th International Thermal Conductivity Conference (ITCC)*, Wilmington, 2019.

[110] A. Bejan. *Convection Heat Transfer*. John wiley & sons, 2013.

[111] N. Wang, C. Mao, R. Lu, X. Peng, X. An, W. Shen. The measurements of coexistence curves and light scattering for {xC 6H5CN + (1 - x)CH3(CH2) 16CH3} in the critical region. *Journal of Chemical Thermodynamics*, 38(3):264–271, 2006.

[112] U. Bückle, M. Perić. Numerical simulation of buoyant and thermo capillary convection in a square cavity. *Numerical Heat Transfer; Part A: Applications*, 21(2):121–141, 1992.

[113] P. Jany, A. Bejan. Scaling theory of melting with natural convection in an enclosure. *International Journal of Heat and Mass Transfer*, 31(6):1221–1235, 1988.

Vorveröffentlichungen:

Teile dieser Arbeit wurden in unterschiedlichen Zeitschriften und auf Tagungen entsprechend der folgenden Auflistung veröffentlicht:

1. M. Faden, A. König-Haagen, D. Brüggemann. Ein optimierter Ansatz für Phasenwechsel mit Dichteänderung in OpenFOAM. *Jahrestreffen der ProcessNet-Fachgruppe Computational Fluid Dynamics* Bremen, 2018.

2. M. Faden, C. Linhardt, S. Höhlein, A. König-Haagen, D. Brüggemann. Velocity field and phase boundary measurements during melting of n-octadecane in a cubical test cell. *International Journal of Heat and Mass Transfer* 135: 104-114, 2019.

3. M. Faden, A. König-Haagen, D. Brüggemann. An Optimum Enthalpy Approach for Melting and Solidification with Volume Change. *Energies* 12(5): 868, 2019.

4. M. Faden, S. Höhlein, J. Wanner, A. König-Haagen, D. Brüggemann. Review of Thermophysical Property Data of Octadecane for Phase-Change Studies. *Materials* 12(18): 2974, 2019.

5. M. Faden, A. König-Haagen, D. Brüggemann. Entwicklung und Anwendung eines neuen Validierungskonzeptes für die Simulation von Schmelzprozessen. *Jahrestreffen der ProcessNet-Fachgruppe Wärme- und Stoffübertragung* Erfurt, 2020.

In der Reihe *„Thermodynamik: Energie, Umwelt, Technik"*, herausgegeben von Prof. Dr.-Ing. D. Brüggemann, bisher erschienen:

ISSN 1611-8421

1   Dietmar Zeh   Entwicklung und Einsatz einer kombinierten Raman/Mie-Streulichtmesstechnik zur ein- und zweidimensionalen Untersuchung der dieselmotorischen Gemischbildung

ISBN 978-3-8325-0211-9   40.50 €

2   Lothar Herrmann   Untersuchung von Tropfengrößen bei Injektoren für Ottomotoren mit Direkteinspritzung

ISBN 978-3-8325-0345-1   40.50 €

3   Klaus-Peter Gansert   Laserinduzierte Tracerfluoreszenz-Untersuchungen zur Gemischaufbereitung am Beispiel des Ottomotors mit Saugrohreinspritzung

ISBN 978-3-8325-0362-8   40.50 €

4   Wolfram Kaiser   Entwicklung und Charakterisierung metallischer Bipolarplatten für PEM-Brennstoffzellen

ISBN 978-3-8325-0371-0   40.50 €

5   Joachim Boltz   Orts- und zyklusaufgelöste Bestimmung der Rußkonzentration am seriennahen DI-Dieselmotor mit Hilfe der Laserinduzierten Inkandeszenz

ISBN 978-3-8325-0485-4   40.50 €

6   Hartmut Sauter   Analysen und Lösungsansätze für die Entwicklung von innovativen Kurbelgehäuseentlüftungen

ISBN 978-3-8325-0529-5   40.50 €

7   Cosmas Heller   Modellbildung, Simulation und Messung thermofluiddynamischer Vorgänge zur Optimierung des Flowfields von PEM-Brennstoffzellen

ISBN 978-3-8325-0675-9   40.50 €

| 16 | Kai Gartung | Modellierung der Verdunstung realer Kraftstoffe zur Simulation der Gemischbildung bei Benzindirekteinspritzung |
| | | ISBN 978-3-8325-1934-6   40.50 € |

| 17 | Luis Matamoros | Numerical Modeling and Simulation of PEM Fuel Cells under Different Humidifying Conditions |
| | | ISBN 978-3-8325-2174-5   34.50 € |

| 18 | Eva Schießwohl | Entwicklung eines Kaltstartkonzeptes für ein Polymermembran-Brennstoffzellensystem im automobilen Einsatz |
| | | ISBN 978-3-8325-2450-0   36.50 € |

| 19 | Christian Hüttl | Einfluss der Sprayausbreitung und Gemischbildung auf die Verbrennung von Biodiesel-Diesel-Gemischen |
| | | ISBN 978-3-8325-3009-9   37.00 € |

| 20 | Salih Manasra | Combustion and In-Cylinder Soot Formation Characteristics of a Neat GTL-Fueled DI Diesel Engine |
| | | ISBN 978-3-8325-3001-3   36.50 € |

| 21 | Dietmar Böker | Laserinduzierte Plasmen zur Zündung von Wasserstoff-Luft-Gemischen bei motorrelevanten Drücken |
| | | ISBN 978-3-8325-3036-5   43.50 € |

| 22 | Florian Heberle | Untersuchungen zum Einsatz von zeotropen Fluidgemischen im Organic Rankine Cycle für die geothermische Stromerzeugung |
| | | ISBN 978-3-8325-3355-7   39.00 € |

| 23 | Ulrich Leidenberger | Optische und analytische Untersuchungen zum Einfluss dieselmotorischer Parameter auf die physikochemischen Eigenschaften emittierter Rußpartikel |
| | | ISBN 978-3-8325-3616-9   43.00 € |

| 32 | Mark Bärwinkel | Einfluss der Fokussierung und der Impulsenergie auf die Entflammung bei der Zündung mit einem passiv gütegeschalteten Laser |
| | | ISBN 978-3-8325-4882-7 52.50 € |

| 33 | Raghavendra Rohith Kasibhatla | Multiscale thermo-fluid modelling of macro-encapsulated latent heat thermal energy storage systems |
| | | ISBN 978-3-8325-4893-3 52.00 € |

| 34 | Christian Zöllner | Einsatz optischer und analytischer Methoden zur Bewertung des Betriebsverhaltens von Partikelfiltersystemen für die Anwendung im Verkehr |
| | | ISBN 978-3-8325-5032-5 60.00 € |

| 35 | Sebastian Kuboth | Modellprädiktive Regelung von Wärmepumpensystemen in Einfamiliengebäuden |
| | | ISBN 978-3-8325-5168-1 56.50 € |

| 36 | Tim Eller | Thermoökonomische Untersuchung verschiedener Anlagenkonzepte zur geothermischen Strom- und Wärmeerzeugung |
| | | ISBN 978-3-8325-5367-8 53.00 € |

| 37 | Thomas Hillenbrand | Raman-spektroskopische Charakterisierung der Verdunstung binärer Ethanol-Alkan-Gemische an frei fallenden Tropfen |
| | | ISBN 978-3-8325-5368-5 59.50 € |

| 38 | Stephan Höhlein | Bewertung von Konzepten zur metallischen Verkapselung von Phasenwechselmaterialien für thermische Energiespeicher |
| | | ISBN 978-3-8325-5373-9 59.00 € |

| 39 | Moritz Faden | Ermittlung und Verringerung von Unsicherheiten bei der numerischen Simulation von Fest-flüssig-Phasenübergängen in Speichermaterialien |
| | | ISBN 978-3-8325-5460-6 49.50 € |